Victoria Grinberg

Schwarze Löcher

Victoria Grinberg

Schwarze Löcher

Schwere Kost, leicht verdaulich

KOSMOS

1. Sie könnten aus der Verschmelzung sehr vieler stellarer Schwarzer Löcher entstanden sein.
2. Sie könnten durch den Gravitationskollaps von dichten Gaswolken oder Sternhaufen in Zentren junger Galaxien entstanden sein.
3. Sie könnten schon in den ganz frühen Phasen des Universums direkt nach dem Urknall und noch vor der Entstehung der Galaxien aus primordialen Dichtefluktuationen (diese schauen wir uns gleich noch genauer an!) entstanden sein.

Welche dieser drei konkurrierenden Theorien richtig ist, ist Gegenstand aktueller Forschung. Unter anderem versuchen Astrophysiker*innen mit dem James-Webb-Weltraumteleskop (auch bekannt als JWST – James Webb Space Telescope), besonders weit entfernte Galaxien zu beobachten und damit besonders weit in die Vergangenheit des Universum zu schauen, um herauszufinden, wie genau die Galaxien und ihre supermassereichen Schwarzen Löcher früher ausgesehen haben.

Eins ist mir bei supermassereichen Schwarzen Löchern noch wichtig zu erwähnen: Und zwar wird öfters von „supermassiven“ oder einfach „massiven“ Schwarzen Löchern gesprochen. Die bestehen nicht aus Massivholz, sondern haben eine besonders hohe Masse. Im Englischen heißen sie aber „(super)massive black holes“, weil „massive“ auf Englisch „massereich“ heißt. Es ist also eine Falschübersetzung.

Mittelschwere Schwarze Löcher

Die mittelschweren Schwarzen Löcher sind, nun ja, mittelschwer. Sie haben eine Masse zwischen den stellaren und den massereichen Schwarzen Löchern – also zwischen hundert und hunderttausend Sonnenmassen. Vermutet werden sie in der Mitte von Kugelsternhaufen oder in den Zentren von Zwerggalaxien, also besonders kleiner Galaxien, die häufig um größere Galaxien kreisen. Zwei solche Zwerggalaxien können wir, zumindest von der Südhalbkugel aus, mit dem bloßen Auge sehen: die Große und die Kleine Magellansche Wolke. Beide sind Satellitengalaxien der Milchstraße.

Einen sicheren Beobachtungsnachweis mittelschwerer Schwarzer Löcher gibt es bisher allerdings nicht, auch wenn immer wieder Hinweise gefunden werden. Dabei handelt es sich vermutlich um eine Verzerrung durch unser Beobachtungsvermögen, also um einen *Auswahleffekt*: Kleine Galaxien und ihre Schwarzen Löcher lassen sich sehr schwer beobachten. Dass wir sie nicht sicher beobachtet haben, liegt also mit einer recht hohen Wahrscheinlichkeit nicht daran, dass sie nicht existieren oder besonders selten sind, sondern daran, dass unsere Teleskope bisher nicht gut genug sind.

Primordiale Schwarze Löcher

Primordiale Schwarze Löcher könnten kurz nach dem Big Bang, also dem Anfang unseres Universums, entstanden sein. Daher kommt auch die Bezeichnung „primordial“ – vom lateinischen Wort für „ursprünglich“. Bereits während dieser frühen Zeit, als das Universum viel, viel kleiner war als heute, war die Dichte im Universum nicht gleichmäßig verteilt: Es gab also schon sehr früh dichtere und weniger dichte Bereiche, sozusagen Klümpchen in der Ursuppe. Wir gehen heute davon aus, dass aus diesen Verdichtungen später Galaxien und Galaxienhaufen entstanden sind. Diese *Dichtefluktuationen* waren die Samen für die Struktur des Universums, wie wir sie heute sehen. Manche der dichten Bereiche, besonders im Allerkleinsten, könnten dabei so dicht geworden sein, dass sich spontan Schwarze Löcher gebildet haben.

Primordiale Schwarze Löcher wären die einzige Möglichkeit in unserem Universum, Schwarze Löcher zu erschaffen, die kleiner sind als stellare Schwarze Löcher. Bisher wurden allerdings keine Beweise dafür gefunden, dass es sie gibt. Sollte es aber eine eindeutige Detektion eines Schwarzen Lochs von nur einer Sonnenmasse oder gar mit der Masse eines Planeten geben, wäre das eine absolute Sensation und ein Beweis dafür, dass es in unserem Universum tatsächlich primordiale Schwarze Löcher gibt.

Bei ihrer Entstehung könnten primordiale Schwarze Löcher alle möglichen Massen gehabt haben. Aber für die, die heute noch existieren könnten, gibt es eine untere Grenzmasse. Das liegt an der Hawking-Strahlung, die dazu führt, dass Schwarze Löcher verdampfen. Das passiert sehr langsam, allerdings desto schneller, je kleiner ein Schwarzes Loch ist. Ein Schwarzes Loch, das kurz nach der Entstehung des Universums vor 13,8 Milliarden Jahren gebildet wurde und leichter als eine Milliarde Tonnen (oder eine Billion Kilogramm) ist, wäre bis heute schon zerstrahlt und verschwunden.

„Eine Milliarde Tonnen" klingt mal nach einer sehr großen Zahl – aber wie so oft in der Astrophysik ist „groß" relativ. Ein Auto, ein SUV, ein Haus oder selbst die größte europäische Rakete heutzutage, die *Ariane 64*, die beim Start 860 Tonnen wiegt, sind klein im Vergleich zu einer Milliarde Tonnen. Aber eine Milliarde Tonnen sind wiederum wenig im Vergleich zu den meisten Körpern in unserem Sonnensystem – das ist ungefähr die Masse eines mittelgroßen Asteroiden. Chicxulub, der Meteorit, der zum Aussterben der Dinosaurier führte, war vermutlich mindestens 1000-mal schwerer. Astrophysikalisch gesehen sind diese Schwarzen Löcher also winzig.

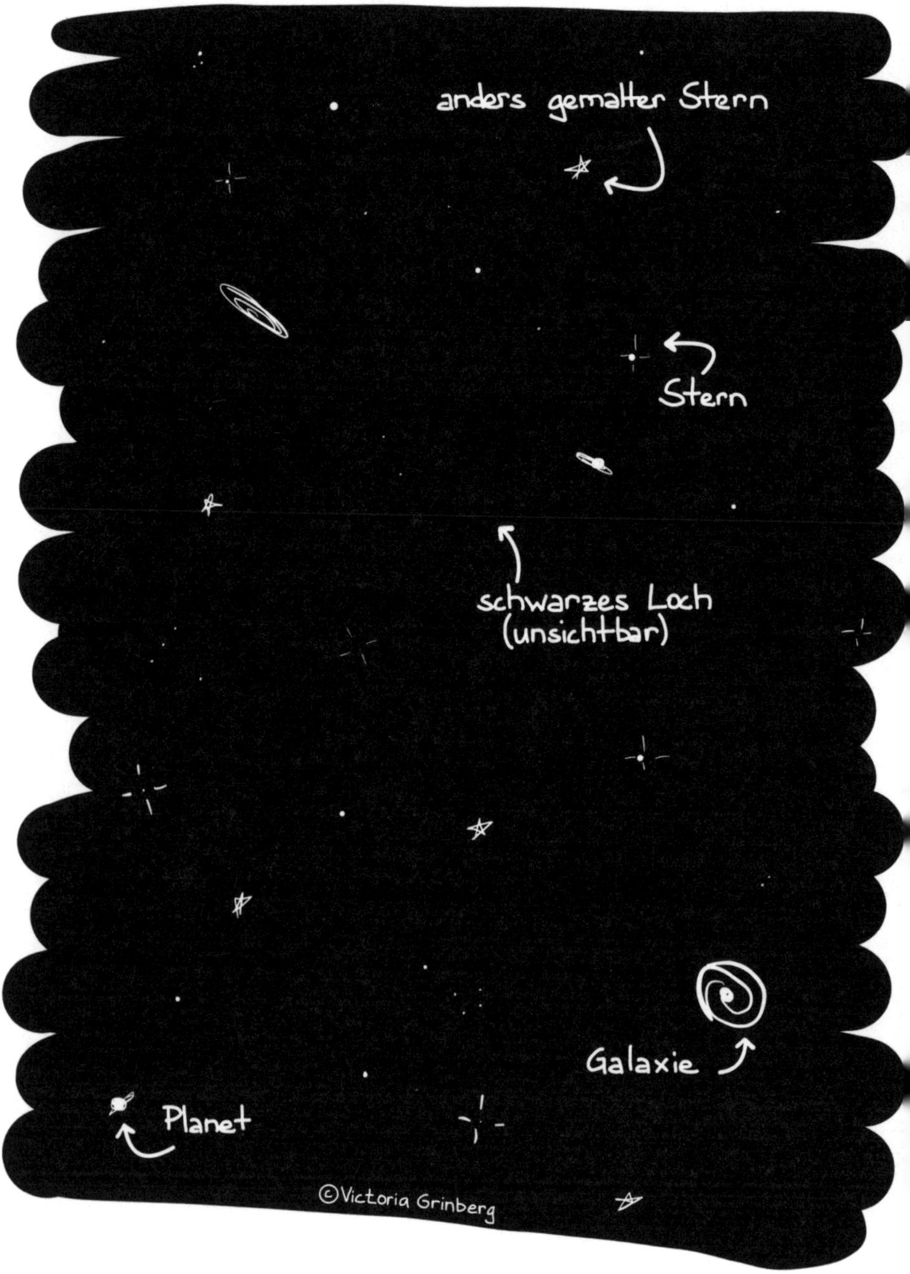
anders gemalter Stern
Stern
schwarzes Loch
(unsichtbar)
Galaxie
Planet
©Victoria Grinberg

Das Unsichtbare sichtbar machen

Im vorherigen Kapitel haben wir erwähnt, dass Astrophysiker*innen stellare und supermassereiche Schwarze Löcher beobachtet haben. Wie kann aber etwas, dem nichts, nicht einmal Licht oder andere elektromagnetische Strahlung entkommen kann, beobachtet werden? Wie können nicht sichtbare Dinge zu einem Forschungsobjekt der beobachtenden Naturwissenschaft Astrophysik werden? Die Antwort lautet: indem nicht die Schwarzen Löcher selbst beobachtet werden, sondern ihr Einfluss auf ihre Umgebung nachgewiesen wird. Wir führen also immer Indizienbeweise für die Existenz eines Schwarzen Lochs. Irgendwann ist die Indizienlast aber so erdrückend, dass wir nicht anders können, als einzugestehen, dass sie von einem Schwarzen Loch verursacht sind.

Das kann mit den heutigen Teleskopen auf viele verschiedene Arten geschehen. Wir können zum Beispiel das Material beobachten, das in Schwarze Löcher fällt. Oder wir vermessen Bahnen von Sternen, die durch die Anwesenheit von Schwarzen Löchern beeinflusst werden oder gar ein supermassereiches Schwarzes Loch umkreisen. Oder wir bedienen uns der Gravitationswellen und können die Verschmelzung zweier Schwarzer Löcher „hören". Einige der wichtigsten Methoden, den Einfluss Schwarzer Löcher auf ihre Umgebung zu beobachten, werden in diesem Kapitel vorgestellt.

Wenn ich selbst zu Schwarzen Löchern forsche, kommen die Daten, mit denen ich arbeite, nicht von Teleskopen hier auf der Erde (warum, das erkläre ich etwas später), sondern ausschließlich von weltraumgebundenen Instrumenten auf Satelliten. Ich habe also nicht das Glück, zu spannenden Orten zu reisen, um selbst den Himmel zu beobachten. Kolleg*innen von mir waren zum Beispiel in der Atacamawüste in Chile, um mit dem Very Large Telescope der ESO, der Europäischen Südsternwarte, zu beobachten. Oder sie haben am Südpol überwintert, wo sie sich um das South Pole Telescope, ein Radioteleskop, gekümmert haben. Als Teil des EHT, des Event Horizon Telescope (zu Deutsch etwa „Ereignishorizont-Teleskop"), hat das South Pole Telescope zu den ersten „Bildern" eines Schwarzen Lochs bzw. seiner Umgebung beigetragen. Wobei man fairerweise sagen sollte, dass Beobachtungsreisen keine Tourismusreisen sind. Man arbeitet die ganze Nacht durch und tagsüber schläft man oder bereitet die Beobachtungen für die nächste Nacht vor. Trotzdem wäre es schon spannend, in den Weltraum zu reisen. Aber ich glaube nicht, dass ich das harte Astronautentraining durchstehen würde, mir wird ja schon beim Zugucken bei Fahrgeschäften auf Volksfesten flau im Magen. Außerdem werden Weltraumteleskope per Funk bedient.

Auch ohne selbst im Weltraum zu sein, ist es ein ganz, ganz besonderes Gefühl, wenn ich vor meinem Computer sitze und die Daten auswerte. Zum Beispiel hat das Weltraumteleskop XMM-Newton auf unsere Bitte hin das Schwarze Loch Cygnus X-1 im Sternbild des Schwans (lateinisch: „Cygnus") beobachtet. Jedes Lichtteilchen, das aufgenommen wurde, ist ganz aus der Nähe eines Schwarzen Lochs entkommen und war über 5000 Jahre unterwegs, um dann letztendlich von den Detektoren von XMM-Newton vermessen zu werden. Jeder Punkt auf meinem Bildschirm ist ein Lichtteilchen, das Unglaubliches „erlebt" hat. Und ich sitze da und versuche aus dem, was mir diese Lichtteilchen heute zu sagen haben, etwas darüber rauszufinden, wo sie entstanden sind. Aus den Eigenschaften dieser Lichtteilchen – ihrer Energie, ihren Ankunftszeiten – lerne ich mehr über die Umgebung Schwarzer Löcher.

Wie unglaublich ist es, dass wir, kaum mehr als 100 Jahre nach der Entdeckung der Relativitätstheorie, die Technologie haben, solche Beobachtungen zu machen und den Einfluss Schwarzer Löcher tatsächlich zu sehen?

Elektromagnetische Strahlung

Seit Jahrtausenden betreiben wir Menschen Astronomie, indem wir Licht von weit entfernten Objekten im Universum beobachten. Das hat mit einfachen Beobachtungen mit den Augen angefangen. Mit der Erfindung des Teleskops konnten wir plötzlich auch weiter entfernte, leuchtschwache Objekte sehen. Immer bessere, größere Teleskope erlaubten den Menschen, immer tiefer ins Universum zu spähen. Noch bis weit ins 19. Jahrhundert war die einzige Möglichkeit, astronomische Beobachtungen festzuhalten, die Zeichnung. Die frühen Astronom*innen waren echte Künstler*innen! Später wurden die Aufzeichnungen mit fotografischen Platten und schließlich CCD-Sensoren einfacher. Auch lange Belichtungszeiten wurden möglich und damit die Beobachtung noch leuchtschwächerer Himmelskörper.

Mittlerweile gibt es die sogenannte *Multimessenger-Astronomie* (also „Viele-Nachrichtenträger-Astronomie"), bei der nicht nur Licht, sondern auch Gravitationswellen oder Teilchen, wie zum Beispiel Neutrinos, beobachtet werden. Für die Beobachtung von Neutrinos müssen riesige Detektoranlagen gebaut werden, die wie das IceCube-Neutrino-Observatorium im ewigen Eis an den Polen platziert oder wie das ANTARES-Neutrinoteleskop im Mittelmeer versenkt werden. Wie Gravitationswellen nachgewiesen werden, wird später, im Zusammenhang mit verschmelzenden Schwarzen Löchern, noch sehr wichtig werden. Erstmal müssen wir aber über das Licht sprechen.

Führt man physikalische Experimente mit Licht durch, so lassen sich manche am besten erklären, wenn man Licht als Lichtteilchen oder Lichtquanten, genannt *Photonen*, interpretiert. Andere Experimente können nur erklärt werden, wenn man annimmt, dass das Licht sich wie eine *Welle* verhält.

Sowohl die Interpretation von Licht als Lichtteilchen als auch die als Lichtwelle orientieren sich an unserer Alltagserfahrung, der makroskopischen Welt. Im Mikroskopischen, in der Welt der allerkleinsten Teilchen, die von der Quantenphysik beschrieben wird, haben makroskopische Vorstellungen keinen Platz. Die Quantenphysik ist ein diesen beiden Modellen übergeordnetes, stark von der Mathematik geprägtes Modell, das nicht in seiner Ganzheit veranschaulicht werden kann. In der Quantenmechanik kann Licht *gleichzeitig* Teilchen und Welle sein.

Zu sagen: „in der Quantenmechanik ist es aber so", ist frustrierend und wunderbar zugleich. Frustrierend, weil ich es gerne habe, wenn ich mir die Dinge in einem (vereinfachten) Bild vorstellen kann. Oder überhaupt vorstellen kann. Wunderbar, weil es toll ist, eine funktionierende mathematische Beschreibung für etwas zu haben, das außerhalb unseres alltäglichen Erfahrungshorizonts liegt und eine für uns unsichtbare, unerfahrbare Welt beschreibt. Wobei ich auch zugeben muss, dass die Quantenmechanik vermutlich die Vorlesung mit der höchsten Durchfallquote in meinem Physikstudium war. Auch in der Sprache der Mathematik ist Quantenmechanik also nicht einfach zu verstehen. Es lohnt sich aber.

Für uns hier ist es wichtig, dass wir von Licht manchmal als Teilchen und manchmal als Welle sprechen. Das ist nicht falsch, es ist der Quantenmechanik und der Unzulänglichkeit unseres Vorstellungsvermögens geschuldet.

Einem Photon – also einem Lichtteilchen – kann eine *Wellenlänge* zugeordnet werden. Als Wellenlänge bezeichnen wir den Abstand zwischen zwei Wellenkämmen oder zwei Wellentälern. Kennt man die Geschwindigkeit der Welle – die bei Photonen immer der Lichtgeschwindigkeit entspricht –, lässt sich damit auch die *Frequenz* der Welle ausrechnen, also wie viele Wellenkämme oder Wellentäler pro Sekunde an einem Punkt vorbeirauschen. Die meisten haben den Begriff Frequenz in Zusammenhang mit dem Radio gehört. Dabei senden verschiedene Sender Wellen mit verschiedenen Frequenzen. Stellen wir unseren Empfänger auf die richtige Frequenz ein, können wir den entsprechenden Sender hören.

Auch die verschiedenen Farben, die wir mit unseren Augen sehen, entsprechen verschiedenen Wellenlängen. Blaues Licht hat eine Wellenlänge von 0,00000038 Metern (oder 380 Nanometern) und rotes Licht eine von 0,00000075 Metern (oder 750 Nanometern). Je kürzer die Wellenlänge, desto energiereicher ein Lichtteilchen. Blaues Licht ist also energiereicher als rotes.

Dieser Wellenlängenbereich, den wir mit unseren Augen wahrnehmen können, wird in der Astronomie häufig einfach als *optischer Bereich* bezeichnet. Entsprechend nennt man Teleskope für sichtbares Licht auch *optische Teleskope*.

Wenn wir in der Physik und auch der Astronomie von Licht sprechen, meinen wir allerdings nicht nur das sichtbare Licht, das unser menschliches Auge erkennen kann, sondern das gesamte Spektrum der elektromagnetischen Strahlung. Das erstreckt sich von sehr langen bis hin zu sehr kurzen Wellenlängen: von Radiowellen, die eine Wellenlänge bis zu mehreren Hundert Metern und mehr haben können, über Mikrowellenstrahlung in der Mikrowelle, infrarote oder Wärmestrahlung, sichtbares Licht, ultraviolettes Licht, Röntgenstrahlung und Gammastrahlung bis hin zu noch viel kleineren Wellenlängen.

Um Himmelsphänomene vollständig zu beschreiben, reicht es nicht, sie nur in sichtbarem Licht zu beobachten. Manche strahlen kaum sichtbares Licht aus. Bei anderen lässt sich aus Beobachtungen von sichtbarem Licht nicht genug Information ableiten, um wirklich zu verstehen, was da passiert, zum Beispiel bei akkretierenden Schwarzen Löchern in Röntgendoppelsternen. Bei dritten ist kosmischer Staub im Weg, der sichtbares Licht absorbiert, aber andere Wellenlängen, insbesondere infrarote Strahlung, durchlässt. Wir brauchen also sowohl optische als auch Röntgenteleskope und müssen den Himmel sowohl im Radiobereich als auch im Infraroten beobachten.

Schwarze Löcher in der Milchstraße

Sternpärchen

Wenn wir mit dem bloßen Auge in den Himmel schauen, erscheinen uns die meisten Sterne als kleine Punkte, weit entfernt von ihren Nachbarn. Heute wissen wir allerdings, dass die meisten Sterne ihr Leben nicht alleine verbringen, sondern in Doppel- und anderen Mehrfachsternsystemen leben. Unser Auge und unsere Teleskope können sie meistens nur nicht auflösen, weil sie zu nahe beieinander sind. Unsere Sonne, die zwar einige Planeten, aber keine stellaren Begleiter hat, ist eher eine Ausnahme als der Normalfall. Je massereicher ein Stern ist, desto wahrscheinlicher ist es, dass er Teil eines Mehrfachsternsystems ist. Mehr als drei Viertel aller massereichen Riesensterne haben einen oder mehrere Partner.

In einem Doppelsternsystem kreisen beide Sterne immer um ihren gemeinsamen Schwerpunkt. Stellen wir uns vor, wir betrachten ein System aus zwei Sternen gleicher Masse. Dann wird sich der Schwerpunkt genau in der Mitte zwischen den beiden Sternen befinden. Ist einer massereicher, so befindet sich der Schwerpunkt näher am schwereren Stern. Eine Wippe auf dem Kinderspielplatz funktioniert nach dem gleichen Prinzip: Sitzen ein Vater und sein Kind auf der Wippe, so muss sich der Vater näher an den Mittelpunkt der Wippe setzen als das Kind, damit die Wippe im Gleichgewicht ist.

Selbst wenn wir uns die Sonne und die Erde anschauen, dann ist die Aussage „Die Erde kreist um die Sonne“ ganz streng genommen nicht richtig. Auch die Erde und die Sonne umkreisen den gemeinsamen Schwerpunkt. Nur ist die Sonne so viel schwerer als die Erde, dass sich dieser gemeinsame Schwerpunkt im Inneren der Sonne befindet. Aber eben nicht genau in der Mitte der Sonne.

Doppelsternsysteme sind ein absoluter Glücksfall für uns in der Astronomie – ohne sie würden wir vermutlich gar nichts über stellare Schwarze Löcher wissen!

Schwarze Löcher in Röntgendoppelsternen

Stellare Schwarze Löcher sind vor allem dann beobachtbar, wenn sie sich zusammen mit einem Stern in einem engen Doppelsternsystem befinden. Ein enger Doppelstern mit einem Schwarzen Loch oder einem Neutronenstern heißt auch *Röntgendoppelstern*. Wir kommen in wenigen Augenblicken dazu, was das mit der Röntgenstrahlung zu tun hat. Aber zuerst schauen wir uns an, wie es dazu kommt, dass solche Systeme aus einem Schwarzen Loch und einem normalen Stern überhaupt existieren.

Ein Röntgendoppelstern beginnt sein Leben als Doppelsternsystem mit zwei normalen Sternen. Mindestens einer der beiden Sterne hat dabei mehr als acht Sonnenmassen. Je massereicher ein Stern, desto schneller verbraucht er seinen Treibstoff. Unsere Sonne wird zehn Milliarden Jahre alt werden. Besonders schwergewichtige Sterne leben dagegen nur ein paar hunderttausend Jahre, bevor sie ihr Leben als Supernova beenden.

Nach der Supernovaexplosion bleibt ein Neutronenstern oder ein Schwarzes Loch übrig. Die Explosion selbst kann ein Doppelsternsystem auseinanderreißen. Das muss aber nicht immer passieren: Dann bleiben das kompakte Objekt und der Begleitstern aneinandergebunden und können sogar zusammenrücken.

Ist der zweite Stern ebenfalls massereich, kann er auch als Supernova explodieren – dann haben wir am Ende ein System aus zwei Schwarzen Löchern (oder zwei Neutronensternen – oder einem Schwarzen Loch und einem Neutronenstern). Solche Systeme aus zwei kompakten Objekten werden später noch wichtig, wenn wir über Gravitationswellen sprechen.

Akkretion

Ein Röntgendoppelstern ist ein Doppelstern aus einem Schwarzen Loch oder Neutronenstern einerseits und einem gewöhnlichen Stern andererseits. Die beiden Komponenten des Doppelsterns befinden sich nur wenige Sternradien (gemeint ist der Radius des gewöhnlichen Begleitsterns) voneinander entfernt – in manchen Fällen sogar weniger als einen Sternradius.

In solch einem engen Doppelsternsystem kann ein Teil der Materie von dem Begleitstern auf das Schwarze Loch (oder den Neutronenstern) fließen. Die dadurch verursachte langsame Zunahme der Masse des Schwarzen Lochs nennt sich *Akkretion*, vom lateinischen „accretio" – Anwachsen oder Zunahme. Das Schwarze Loch sammelt also aufgrund seiner Schwerkraft Materie auf. Es wächst dabei, wenn auch sehr, sehr langsam.

Sich dabei vorzustellen, das Schwarze Loch würde Materie von dem Begleitstern aufsaugen, wäre falsch. Schwarze Löcher sind keine Staubsauger – nur Dinge, die zu nahe herankommen, fallen hinein. Würden wir ein einzelnes Sandkorn (oder auch nur einen einzelnen Planeten) in die Umlaufbahn um ein Schwarzes Loch schicken, wür-

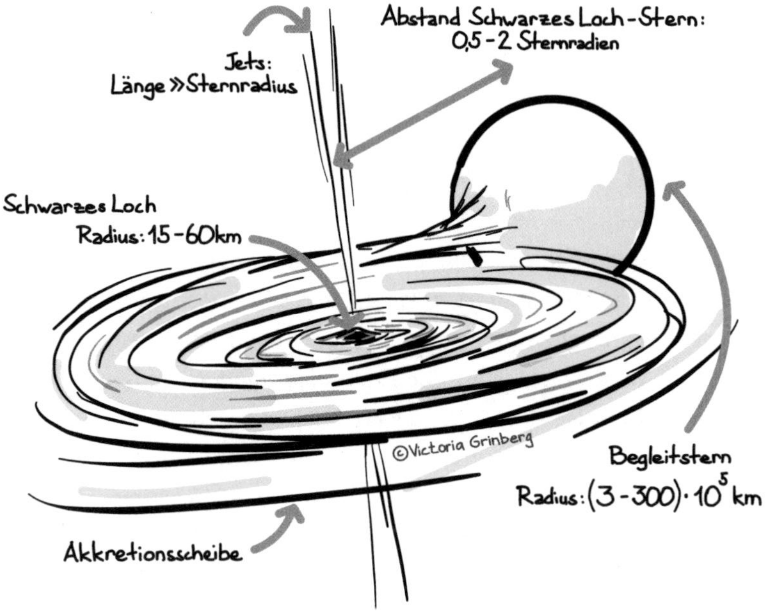

In einem Röntgendoppelstern umkreisen ein normaler Stern und ein Schwarzes Loch (oder ein Neutronenstern) einander in sehr kleiner Entfernung, sodass Materie vom normalen Stern auf das Schwarze Loch rüberfließen kann.

de unser Sandkorn das Schwarze Loch bis in alle Ewigkeit umkreisen. Anders verhält es sich, wenn es viele Sandkörner oder anderes Material gibt: Denn die Sandkörner interagieren miteinander. Hin und wieder wird eines näher an das Schwarze Loch geschubst, bis es letztendlich hineinfällt.

In engen Doppelsternsystemen kann Akkretion auf zwei Arten passieren: Entweder handelt es sich bei dem Begleiter des Schwarzen Lochs um einen massereichen Riesenstern, der starke *Sternwinde* aufweist, oder um einen Zwergstern wie unsere Sonne.

Massereiche Riesensterne haben starke Winde. Diese sehen allerdings anders aus als die Winde auf der Erde, die sich in der Erdatmosphäre entlang der Erdoberfläche bewegen. Der Wind eines Riesensterns schleudert dagegen Materie von seiner Oberfläche in den Weltraum hinaus. Auch Zwergsterne wie unsere Sonne haben zwar Sternwinde, sie sind aber viel schwächer als bei Riesensternen. Bei unserer Sonne spricht man von *Sonnenwind*.

Befindet sich ein massereicher Riesenstern in einem Röntgendoppelsternsystem, so kommt ein Teil seines Sternwindes so nah an das Schwarze Loch ran, dass er hineinfällt. Je näher das Schwarze Loch an dem Stern dran ist, desto dichter ist der Sternwind und desto mehr Material kann auf das Schwarze Loch fallen. An solchen Systemen forsche ich selbst. Ich finde sie besonders spannend, weil ich sowohl etwas über das Schwarze Loch als auch über den Wind des massereichen Begleitsterns lernen kann. Ich muss also nur einmal mit einem Teleskop hinschauen, um zwei spannende astrophysikalische Fragen gleichzeitig zu beantworten.

Handelt es sich bei dem Begleiter des Schwarzen Lochs um einen Zwergstern, so hat er keinen starken Sternwind. Es kommt aus anderen Gründen zur Akkretion von Sternmaterial. Sterne können im Laufe ihrer Entwicklung ihre Größe leicht ändern – zum Beispiel, wenn sie älter werden und sich aufblähen. Dann können die äußeren Schichten des Sterns in den Einflussbereich der Schwerkraft des Schwarzen Lochs geraten und zu diesem rüberfließen.

Egal ob das heiße Gas, das zum Schwarzen Loch kommt, von einem Riesen- oder einem Zwergstern stammt, es fällt nicht direkt in das Schwarze Loch hinein. Aufgrund der Drehimpulserhaltung bildet sich um das Schwarze Loch ein Wirbel aus, ähnlich dem Wasser im Abfluss einer Badewanne. Dabei entsteht ein flaches, rotierendes Gebilde um das Schwarze Loch, das *Akkretionsscheibe* genannt wird.

Diese Akkretionsscheiben sind es, die von uns beobachtet werden können!

Die äußeren Teile der Akkretionsscheibe rotieren langsamer als die inneren. Dabei reiben sich die schnellen inneren Teile an den langsamen äußeren und es kommt zu kleinen Verwirbelungen oder Turbulenzen. Das ist auch bei Wasser in einem Abfluss der Fall. Da wird die Reibung durch Wechselwirkung zwischen Wassermolekülen verursacht. Für eine Akkretionsscheibe um ein Schwarzes Loch sind solche molekularen Kräfte bei Weitem nicht stark genug. Stattdessen dürften Magnetfelder eine entscheidende Rolle spielen. Weil wir die extremen Bedingungen in der Nähe eines Schwarzen Loches nicht in einem Labor auf der Erde nachbauen können, forschen Astrophysiker*innen heute hauptsächlich mit Computersimulationen an Akkretionsscheiben. Sie simulieren verschiedene Effekte und vergleichen die Ergebnisse ihrer Berechnungen mit den Beobachtungen.

Durch Reibung entsteht Wärme. Wenn es im Winter kalt ist, reiben wir unsere Hände aneinander, um sie zu wärmen. Auch die Akkretionsscheibe wird so aufgeheizt.

Jeder Körper strahlt elektromagnetische Strahlung aus, die seiner Temperatur entspricht. Bei Gegenständen, die Zimmertemperatur haben, liegt die meiste Abstrahlung im Infraroten. Daher auch Infrarotkameras, um zum Beispiel Rehkitze auf Feldern zu erkennen und zu retten.

Nehmen wir nun ein Eisenstück und erhitzen es. Zuerst strahlt es infrarote Strahlung ab, die wir über unsere Haut als Wärme wahrnehmen, wenn wir unsere Hand in der Nähe halten (bitte Vorsicht und die Finger nicht verbrennen!). Erhöhen wir die Temperatur des Eisens weiter, so fängt es an, rot zu glühen, und bei noch höheren Temperaturen dann weiß-bläulich – blaues Licht ist energiereicher als rotes!

Die inneren Bereiche der Akkretionsscheibe sind viel heißer als unser Eisen. Sie erreichen Temperaturen bis zu einer Million Grad Celsius. Bei so hohen Temperaturen ist die Strahlung, die abgegeben wird, noch viel energiereicher als blaues sichtbares Licht: Das Gas in einer Akkretionsscheibe strahlt im Röntgenbereich! Die Röntgen-

Immer noch eine der atemberaubendsten Aufnahmen eines Jets: Hubble konnte hier den Materiestrom fotografieren, den das Schwarze Loch im Zentrum der Galaxie M87 in den Weltraum schießt.

strahlung, die so in der unmittelbaren Nähe eines Schwarzen Lochs entsteht, können wir mit speziellen Röntgenteleskopen beobachten.

Akkretion auf Schwarze Löcher ist die effizienteste Energiequelle in unserem Universum: In Akkretionsprozessen können bis zu zehn Prozent der Masse in Strahlung und somit Energie umgewandelt werden. Im Vergleich: Bei der Kernfusion von Wasserstoff zu Helium, die unsere Sonne und alle anderen Sterne zum Strahlen bringt, werden nur 0,7 Prozent der Masse des Wasserstoffes in Energie umgewandelt.

Die Akkretionsscheibe ist nicht die einzige Quelle von Röntgenstrahlung in einem Röntgendoppelstern. Ein Teil der von der Akkretionsscheibe kommenden Strahlung wechselwirkt mit dem heißen

Gas in der Nähe des Schwarzen Lochs und kann dadurch noch höhere Energien erreichen. Teile des Materials können außerdem aus der Nähe des Schwarzen Lochs (aber natürlich nicht aus dem Schwarzen Loch selbst!) herausgeschleudert werden. Sie bilden schmale *Jets*, die ungefähr senkrecht zur Akkretionsscheibe stehen. Auch diese Jets können in verschiedenen Wellenlängenbereichen strahlen. Meistens sehen wir die weiter außen liegenden Teile des Jets in Radiobeobachtungen, aber in den nah am Schwarzen Loch liegenden Teilen kann auch hochenergetische Strahlung produziert werden.

Wir können mit unseren Teleskopen die Details von den Vorgängen um das Schwarze Loch nicht in einem Bild auflösen (mit Ausnahme von genau zwei supermassereichen Schwarzen Löchern, die wir uns später ansehen werden): Dafür sind Schwarze Löcher und Akkretionsscheiben viel zu klein, zumindest im astronomischen Sinne. Nur die Jets können wir sehen, weil sie weit in die Umgebung hineinragen. Woher wissen wir dann, was genau um das Schwarze Loch passiert? Anstatt uns buchstäblich ein Bild zu machen, können wir andere Eigenschaften der Strahlung ansehen. Wir können das Spektrum der Strahlung anschauen, also die verschiedenen Farben oder Energien der Photonen, die bei uns ankommen. Oder wir untersuchen die zeitliche Variabilität der Strahlung, zum Beispiel wie regelmäßig mehr oder weniger Strahlung bei uns ankommt. Diese Eigenschaften der Strahlung können wir mit den Vorhersagen unserer Modelle vergleichen. Auf diese Weise können wir uns ein Bild davon machen, was beim Schwarzen Loch passiert, auch wenn wir kein Bild vom Schwarzen Loch selbst machen können.

Wo sind die Röntgendoppelsterne am Himmel?

Zeichnen wir alle bekannten Röntgendoppelsterne auf einer Himmelskarte ein, so sehen wir recht schnell, dass sie nicht gleichmäßig über den gesamten Himmel verteilt sind, sondern hauptsächlich entlang der Milchstraße zu finden sind. Das ist nicht verwunderlich, denn wir erwarten diese Doppelsterne da, wo es generell viele normale Sterne gibt. Und das ist eben in der Milchstraße, unserer Heimatgalaxie. Zwar gibt es auch in anderen Galaxien Röntgendoppelsterne – weil sie so weit entfernt sind, lassen sie sich aber schlecht entdecken und untersuchen. Nur in den Magellanschen Wolken, die als Zwerggalaxien die Milchstraße begleiten, lassen sie sich gut auflösen.

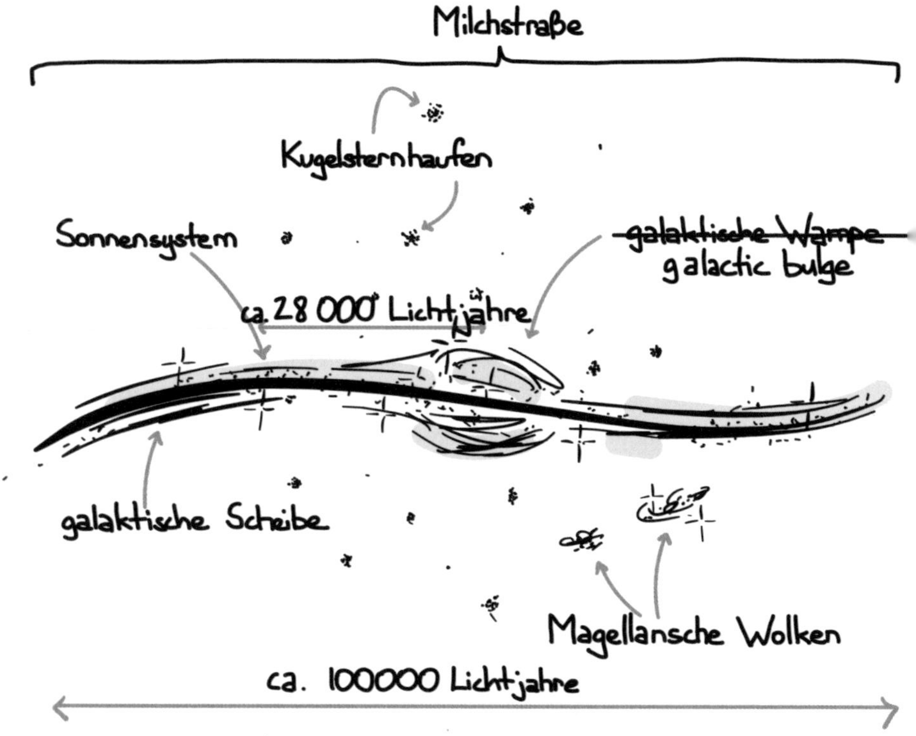

So sieht unsere Milchstraße aus, wenn man von außen auf ihre Kante schauen könnte.

Besonders häufig finden sich Röntgendoppelsterne im *galactic bulge*, dem dichten Zentralbereich der Milchstraße. Einen deutschen Begriff gibt es dafür nicht – „galaktische Aufwölbung" klingt nicht so schön, und wenn ich „galaktische Wampe" sage, nimmt mich niemand ernst, auch wenn ich fest davon überzeugt bin, dass es die beste und genaueste Übersetzung ist … Dort hatten sich in der Vergangenheit der Milchstraße besonders viele Sterne gebildet, daher konnten da auch besonders viele Röntgendoppelsterne entstehen.

Ein Ausflug in die Röntgenastronomie

Röntgenbeobachtungen sind also für unser Verständnis von Schwarzen Löchern entscheidend. Sie sind aber nicht unbedingt in unserem Alltagsbild von der Astronomie präsent. Auch ich selbst habe früher bei Astronomie immer an große optische Teleskope gedacht! Vielleicht noch an Radiobeobachtungen. Ich hätte mir aber nicht vorstellen können, dass ich einmal Menschen erkläre, dass ich eine Art Zahnärztin für Sterne bin, die versucht, mit Röntgenstahlen den Zustand ihres Windes zu erkennen.

Röntgenteleskope können wir auf der Erdoberfläche nicht bauen. Genauer gesagt, können wir sie natürlich bauen, aber beobachten können wir mit ihnen von der Erdoberfläche aus nicht. Das liegt daran, dass unsere Atmosphäre für Röntgenstrahlung aus dem Weltraum undurchsichtig ist. Das ist gut für das Leben auf der Erde, denn Röntgenstrahlung ist für Lebewesen auf Dauer ungesund – machen Sie sich aber keine Sorgen um die kleinen Strahlungsdosen in der Arztpraxis! Allerdings ist die Atmosphäre ganz schön störend, wenn wir Röntgendoppelsterne beobachten wollen.

Wir müssen also die Atmosphäre unserer Erde verlassen. Oder uns zumindest hoch genug über der Oberfläche der Erde befinden, damit die restliche Atmosphäre über uns so dünn wie möglich ist. Das können wir auf drei verschiedene Weisen umsetzen.

Höhenforschungsraketen

Die allerersten Röntgenteleskope wurden auf Höhenforschungsraketen geschraubt. Eine solche Rakete besteht aus einem Antriebselement und einer Nutzlast, also zum Beispiel einem Röntgenteleskop. Sie beschreibt eine ballistische Flugbahn, ähnlich einem Ball, der direkt in die Höhe geworfen wird. Höhenforschungsraketen können eine beachtliche Höhe erreichen, bevor die Schwerkraft der Erde sie wieder zurückholt (sie sind nämlich zu langsam, um in eine Umlaufbahn um die Erde zu gelangen). Sie können zur Erforschung der hohen Schichten der Erdatmosphäre eingesetzt werden, aber auch um physikalische und materialtechnische Experimente in der Schwerelosigkeit (im oberen Teil der Parabelbahn) durchzuführen. Dabei verbringen sie genug Zeit oberhalb unserer Erdatmosphäre, um Röntgenbeobachtungen zu ermöglichen.

Das Problem einer Höhenforschungsrakete ist, dass die Zeit, in der sie sich hoch genug befindet, um Röntgenbeobachtungen zu ermöglichen, sehr knapp ist. Es handelt sich um ein paar Minuten, nicht mehr. Das ist super, um helle Quellen zu entdecken. Das berühmte Schwarze Loch Cygnus X-1, mein persönliches Lieblings-Schwarzes-Loch, wurde zum Beispiel während eines solchen Flugs in den 60er-Jahren entdeckt. Aber um Schwarze Löcher und andere Himmelsobjekte im Detail zu vermessen, brauchen wir stabilere Plattformen für unsere Teleskope.

Trotzdem werden Höhenforschungsraketen auch heute noch zum Erproben neuer Detektor- und Spiegeltechnologien für Röntgenbeobachtungen eingesetzt. Sie sind nämlich, im Vergleich zu Satelliten, recht preiswert.

Stratosphärenballons

Mit Helium gefüllte Stratosphärenballons erreichen eine Höhe von 40 Kilometern über der Erdoberfläche und ermöglichen viel längere

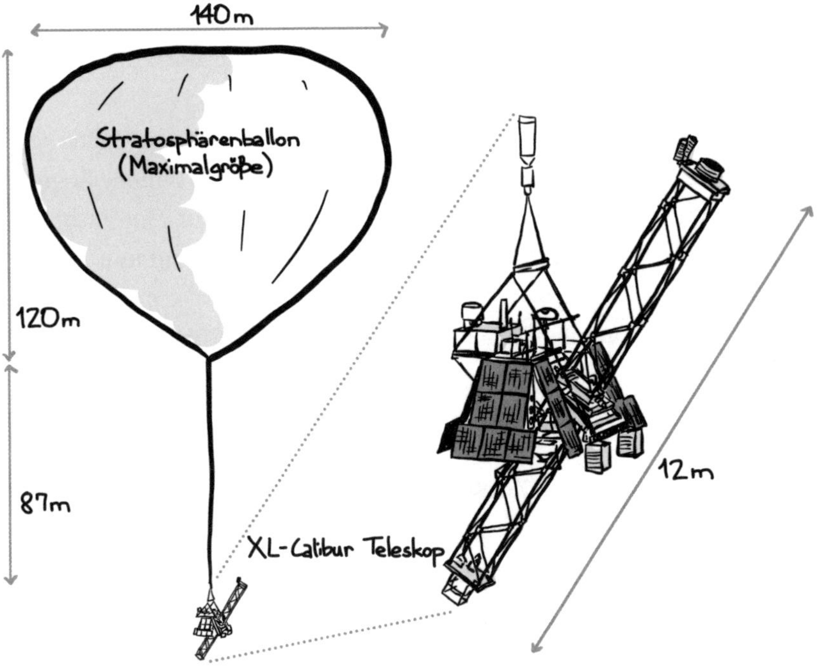

Das XL-Calibur-Röntgenteleskop wird mithilfe eines Ballons in die Stratosphäre geschickt, von wo aus es die Polarisation von Röntgenstrahlung vermisst.

Beobachtungen als Höhenforschungsraketen. Ballons, die von der McMurdo-Station in der Antarktis gestartet werden, bleiben bis zu 50 Tagen in der Luft. Ballons, die vom European Space and Sounding Rocket Range (kurz Esrange) in der Nähe von Kiruna in Nordschweden starten, können fünf bis zehn Tage unterwegs sein, bis sie Kanada erreichen.

Allerdings erreichen solche Ballons nicht die obersten, dünnsten Atmosphärenschichten, sondern verbleiben, wie der Name schon sagt, in den oberen Stratosphärenschichten. Sie sind damit gut, um energiereiche (auch genannt „harte") Röntgenstrahlung zu beobachten, weil diese tief in die Atmosphäre eindringt. Aber nicht so gut, um energieärmere („weiche") Röntgenstrahlung zu sehen, weil die oberen

Atmosphärenschichten zwar sehr dünn sind, aber doch dick genug, um diese stark abzuschwächen.

Außerdem sind Stratosphärenballons stark von den Wetterverhältnissen abhängig: Sie können nur bei bestimmten Windbedingungen überhaupt starten. Einmal in der Luft, kann ihr Flug nicht gesteuert werden, sondern sie sind den Launen von Wind und Wetter ausgesetzt.

Stratosphärenballons werden hauptsächlich zum Testen neuer Technologien, aber auch für einzelne Beobachtungen von harter Röntgenstrahlung eingesetzt.

Weltraumgestützte Röntgenastronomie

Am langlebigsten – und ganz unabhängig von den Launen des Wetters – sind Röntgenteleskope natürlich im Weltraum. Am besten auf speziell dafür gemachten Satelliten, auch wenn es außerdem noch zwei Röntgenteleskope gibt, die an die Internationale Weltraumstation ISS geschraubt wurden. Auf der ISS zu sein, hat seine Vorteile – zum Beispiel kann so ein Teleskop repariert werden –, aber auch Nachteile: Beim Betrieb eines dieser Teleskope, genannt NICER, müssen Astronom*innen sehr genau aufpassen, dass nicht gerade die Solarpanele der Weltraumstation im Bild sind.

Jede und jeder hat wohl schon mal was vom Hubble- oder dem James-Webb-Weltraumteleskop gehört und die wunderschönen Bilder gesehen, die sie von Himmelsobjekten produzieren. Beide Teleskope sind übrigens jeweils eine Zusammenarbeit der NASA und der ESA; am Webb-Weltraumteleskop ist zudem auch die kanadische Weltraumorganisation CSA beteiligt. Diese beiden Teleskope arbeiten im optischen bzw. im infraroten Wellenlängenbereich und sind im Weltraum, um den störenden Einflüssen der Erdatmosphäre bzw. der Tatsache, dass die Erdatmosphäre für infrarote Wellenlängen überhaupt nicht transparent ist, zu entkommen.

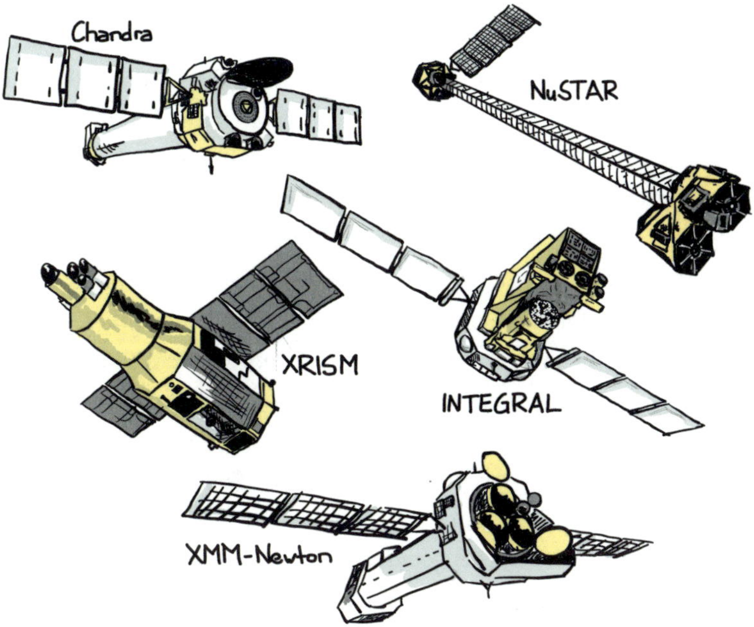

Im erdnahen Weltraum gibt es inzwischen eine ganze Reihe von Röntgenteleskopen.

Die Röntgenteleskope sind der breiten Öffentlichkeit weniger bekannt – zum Teil, weil sie keine ganz so schönen Bilder liefern –, wissenschaftlich aber nicht weniger wichtig.

Der erste Röntgensatellit wurde 1970 durch die NASA von der San-Marco-Plattform, einem nun ehemaligen italienischen Raketenstartplatz vor der Küste Kenias, gestartet. Der Satellit hieß „Uhuru" – also „Freiheit" in Swahili, einer der weitverbreiteten Sprachen in Ostafrika und Kenia. Die weltraumgestützte Röntgenastronomie, mein Arbeitsbereich, war geboren. Am Ende hatte Uhuru 339 Röntgenquellen am Himmel gesehen, die meisten davon akkretierende kompakte Objekte – also Schwarze Löcher, Neutronensterne oder weiße Zwerge in Doppelsternsystemen.

Heute haben wir eine Vielzahl von Röntgenteleskopen: Dazu gehören XMM-Newton der ESA, mit einer sehr guten zeitlichen Auflösung. XMM steht für „X-ray Multi Mirror“, weil das Teleskop aus drei parallel arbeitenden Teleskopen besteht, und „Newton“ für den Physiker Isaak Newton. Das Chandra-Teleskop der NASA kann unglaublich hoch aufgelöste Bilder aufnehmen und ist nach dem indisch-amerikanischen Physiker und Nobelpreisträger Subrahmanyan Chandrasekhar (1910 – 1995) benannt, der unter anderem die obere Masse für Weiße Zwerge berechnet hat. Die Japanische Weltraumagentur JAXA hat, zusammen mit der NASA und mithilfe der ESA, erst vor Kurzem, Ende 2023, XRISM gestartet, eine Mission, die eine besonders gute spektrale Auflösung hat, also Röntgenstrahlung besonders genau in ihre einzelnen Wellenlängen zerlegen kann. Der Integral-Satellit der ESA, der gerade das Ende seiner Lebenszeit erreicht hat, konnte besonders energiereiche Röntgenstrahlung beobachten und hatte ein besonders weites Blickfeld, um unerwartete Strahlungsausbrüche zu finden. AstroSat ist ein indischer Satellit, der mehrere Instrumente trägt, die Licht verschiedener Wellenlängen messen können. Unter anderem kann damit die Polarisation von energiereicher Röntgenstrahlung untersucht werden. NuSTAR, ein Teleskop der NASA, deckt einen besonders weiten Energiebereich ab und kann somit gut dazu verwendet werden, Spins von Schwarzen Löchern zu vermessen. Das Einstein-Teleskop der Chinesischen Akademie der Wissenschaften, an dem auch die ESA und das Garchinger Max-Planck-Institut für extraterrestrische Physik beteiligt sind, hat ein besonders großes Blickfeld und kann somit gut unerwartete Strahlenausbrüche und neue Röntgenquellen am Himmel entdecken.

Und das sind nur ein paar der heute fliegenden Satelliten. Warum brauchen wir so viele? Zum einen natürlich, weil es sehr viele Röntgenquellen am Himmel gibt, viel mehr als die 339, die Uhuru vor mehr als 50 Jahren gesehen hat. Der erste Katalog des Röntgenteleskops eROSITA an Bord des Satelliten Spektrum-RG (SRG) beinhaltet 900.000 Quellen, die meisten davon supermassereiche schwarze Löcher. Dabei deckt der Katalog nur die Hälfte des Himmels ab! Zum anderen hat jedes Teleskop seine besonderen Fähigkeiten. Am liebsten hätten wir Astrophysiker*innen natürlich eine eierlegende Wollmilchsau – also ein Teleskop, das alles kann. Technologisch ist das aber nicht machbar. Und so eignen sich, je nach wissenschaftlicher Fragestellung, bestimmte Teleskope mehr oder weniger für bestimmte Beobachtungen.

Noch mehr Schwarze Löcher oder die Macht der Astrometrie

Das Problem an Röntgenbeobachtungen ist: Wir können nur Schwarze Löcher finden, die gerade akkretieren und somit sehr nah an ihrem Begleitstern sind. Damit sind wir in der Auswahl der Schwarzen Löcher, die wir kennen, sehr eingeschränkt.

Gibt es auch eine Hoffnung, Schwarze Löcher zu finden, die nicht ganz nah an einem Begleitstern sind? Seit Kurzem heißt die Antwort: ja! 2024 hat der Satellit Gaia sein erstes Schwarzes Loch gefunden.

Das Gaia-Teleskop ist ein von der Öffentlichkeit unterschätzter Gigant der Astronomie, sozusagen eine unerkannte Königin unter den Teleskopen. Gaia wurde 2013 gestartet und hat von kurz nach dem Start bis zur Stilllegung des Teleskops in den ersten Tagen des Jahres 2025 immer wieder den gesamten Himmel durchmustert. Das Ziel von Gaia war es, die genaueste Karte unserer Milchstraße zu erstellen und die Position und Bewegung von zwei Milliarden Himmelsobjekten, die meisten davon in unserer Galaxie, zu vermessen.

Gaia hat das Verständnis von unserer eigenen Galaxie grundlegend verändert. Zum Beispiel wissen wir nun, dass die Scheibe unserer Milchstraße „eiert", weil es in der Vergangenheit eine Kollision mit einer Zwerggalaxie gab.

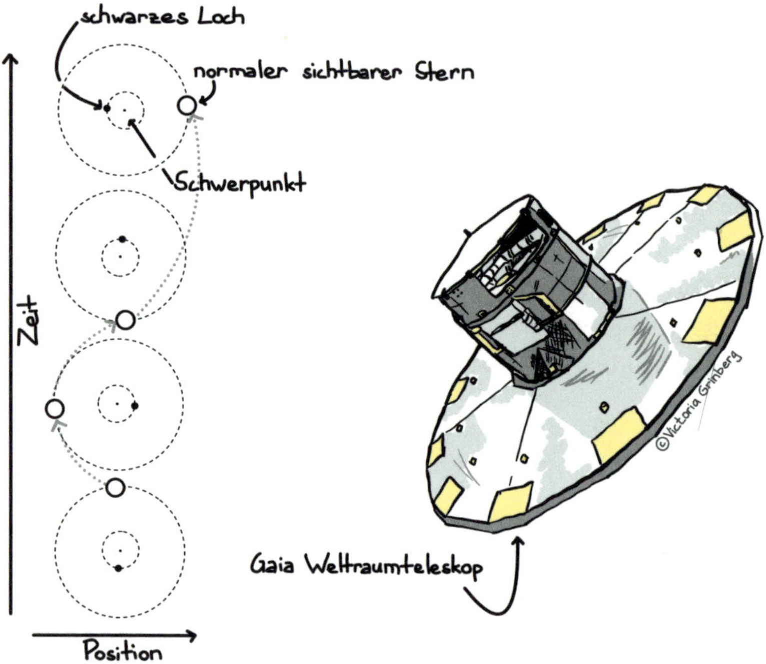

Inzwischen konnte man mit Gaia auch verhältnismäßig erdnahe Schwarze Löcher finden.

Wir haben ja schon darüber gesprochen, dass Doppelsterne um einen gemeinsamen Schwerpunkt kreisen. Gaia kann diese Bewegung messen und die Eigenschaften der beiden Partner in einem solchen Doppelsternsystem dadurch sehr genau bestimmen!

Besteht ein solches Doppelsternsystem aus einem gewöhnlichen Stern und einem Schwarzen Loch, so sehen wir nur den Begleitstern. Das Schwarze Loch ist zu weit vom Begleitstern entfernt, um Materie zu akkretieren, und somit unsichtbar. Aber wir können sehen, wie sich der Stern unter dem Einfluss eines unsichtbaren Begleiters am Himmel hin und her bewegt.

Aus der Farbe dieses Sterns können Astronom*innen auf seine Masse schließen. Von Gaia wissen wir, wie groß der Abstand zu diesem Stern ist und wie er sich am Himmel genau bewegt. Dadurch lässt sich die Masse des unsichtbaren Begleiters berechnen. Und wenn sie größer als drei Sonnenmassen ist, dann wissen wir, dass es sich um ein Schwarzes Loch handeln muss. Ungefähr bei drei Sonnenmassen ist nämlich das obere Massenlimit für Neutronensterne. Darüber muss es sich um ein Schwarzes Loch handeln.

Bisher hat Gaia drei Schwarze Löcher auf diese Weise gefunden. Im Doppelsternsystem Gaia BH1 umkreisen sich ein sonnenähnlicher Stern und ein Schwarzes Loch von zehn Sonnenmassen alle 186 Tage, in Gaia BH2 ein roter Riesenstern und ein Schwarzes Loch von neun Sonnenmassen alle 1277 Tage (gut dreieinhalb Jahre) und in Gaia BH3 ein sonnenähnlicher Stern und ein Schwarzes Loch von fast 33 Sonnenmassen alle 11,6 Jahre.

„Drei Schwarze Löcher" mag nicht nach viel klingen neben den Hunderttausenden Schwarzen Löchern, die wir in Aktiven Galaktischen Kernen (zu diesen gleich mehr!) kennen. Aber mit diesen drei hat Gaia eine ganz neue Familie an stellaren Schwarzen Löchern entdeckt, die mit keinem anderen heutigen oder in nächster Zeit geplanten Teleskop sichtbar wären: Schwarze Löcher, die so weit weg von ihren Begleitsternen sind, wären ohne Gaia nicht nachweisbar! Außerdem sind die Wissenschaftler*innen erst dabei, die vielen Daten, die Gaia gesammelt hat, zu analysieren. Wir erwarten in den nächsten Jahren noch mehr solche Entdeckungen.

Schwarze Löcher in Zentren von Galaxien

„Es war einmal in einer weit entfernten Galaxie" – vor kaum mehr als hundert Jahren wäre dieser Satz niemandem in den Kopf gekommen. Damals sind wir davon ausgegangen, dass unsere Milchstraße das gesamte Universum sei. Erst seit 1923 wissen wir, dass die Milchstra-

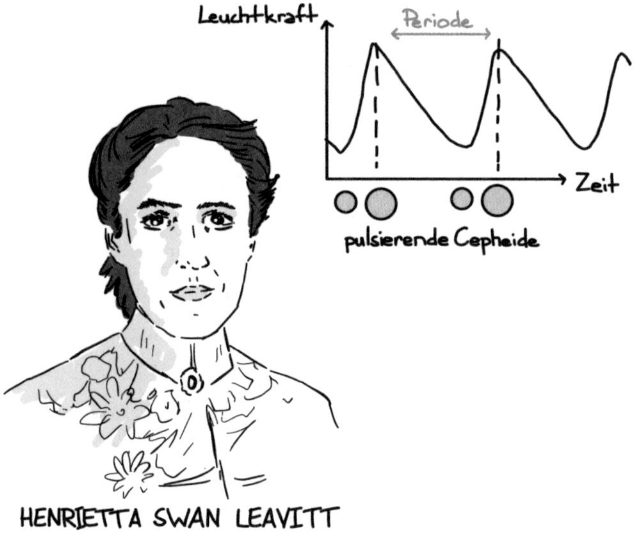

Henrietta Swan Leavitt erkannte, dass Cepheiden ein wertvolles Werkzeug sind, um die Entfernungen zu den Sternen zu messen.

ße nur eine von sehr vielen – vermutlich Hunderten Billionen oder noch mehr – Galaxien in unserem Universum ist. Selbst als Einstein 1915 die Allgemeine Relativitätstheorie veröffentlicht und als Karl Schwarzschild 1916 das erste Mal den Schwarzschild-Radius berechnet hat, war das Universum in den Köpfen der Menschen viel kleiner als heute.

Erst die Entdeckung der *Perioden-Leuchtkraft-Beziehung* für Cepheiden-Sterne durch Henrietta Swan Leavitt (1868 – 1921) ermöglichte es, den tatsächlichen Abstand zu den „Spiralnebeln" am Himmel zu vermessen. *Cepheiden* sind veränderliche Sterne: Sie pulsieren und ändern periodisch ihre Größe und somit ihre Helligkeit – wie eine Glühlampe, die blinkt, ohne jemals ganz auszugehen. Cepheiden pulsieren typischerweise mit Periodendauern im Bereich von Tagen. Henrietta Swan Leavitt zeigte im Jahre 1912: Je größer die Leuchtkraft eines Cepheiden-Variablen ist, desto länger dauert ihre Periode. Beobachten wir nun die Periode einer Cepheide, können wir über die Perioden-Leuchtkraft-Beziehung ihre Leuchtkraft herleiten. Vergleichen wir diese tatsächliche, intrinsische Leuchtkraft der Cepheide mit ihrer beobachteten scheinbaren Helligkeit, können wir berechnen, wie weit der Stern entfernt ist. Vermessen wir nun eine Cepheide in einem Spiralnebel, können wir dadurch auch bestimmen, wie weit dieser Nebel entfernt ist.

1923 gelang Edwin Hubble (1889 – 1953) damit der Nachweis, dass sich der „Andromedanebel" außerhalb der Milchstraße befindet, nämlich in einem Abstand von zweieinhalb Milliarden Lichtjahren. Die *Andromedagalaxie* ist die uns nächste große Galaxie, eine Spiralgalaxie wie auch unsere Milchstraße. Und erst seit ein paar Jahrzehnten wissen wir, dass sich in der Mitte vieler und vermutlich sogar aller Galaxien jeweils ein supermassereiches Schwarzes Loch befindet. Je massereicher die Galaxie, desto größer das Schwarze Loch. Das Schicksal der beiden scheint untrennbar miteinander verbunden.

Aktive Galaktische Kerne

Die riesigen Schwarzen Löcher in Zentren von Galaxien sind ihren kleinen galaktischen Geschwistern sehr ähnlich. Auch sie können wir hauptsächlich beobachten, wenn sie Materie akkretieren. Natürlich befinden sie sich nicht in einem Doppelsternsystem mit einem normalen Stern, aber es gibt in Galaxienkernen genug Gaswolken und anderes loses Material, das herumschwirrt und hin und wieder in die Einflusssphäre des Schwarzen Lochs gerät.

Nur ungefähr zehn Prozent aller Galaxien heute haben Schwarze Löcher, die aktiv dabei sind, Materie zu schlucken. Die meisten Schwarzen Löcher in Zentren von Galaxien schlummern leise vor sich hin. Diejenigen, die dabei sind, Materie aus ihrer Umgebung zu akkretieren, werden *Aktive Galaktische Kerne* oder *AGN* (die Abkürzung für den englischen Ausdruck „active galactic nuclei") genannt.

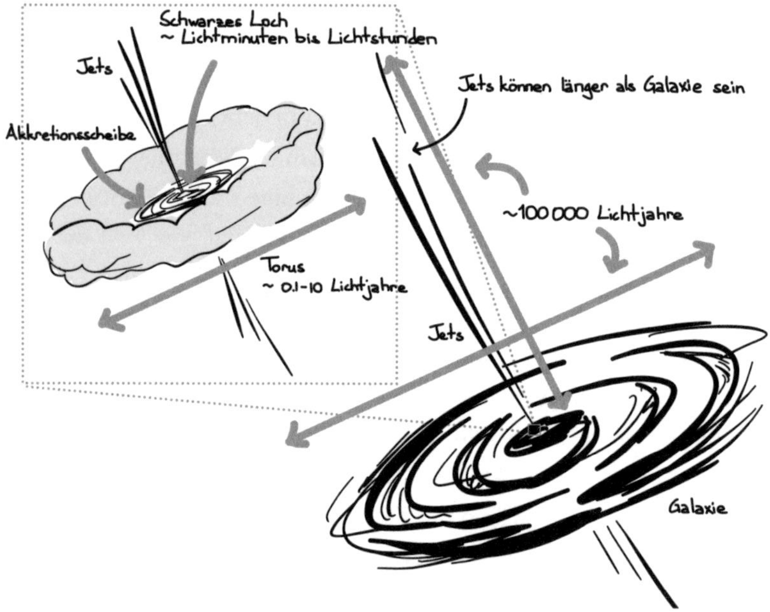

Aktive Galaktische Kerne sind akkretierende Schwarze Löcher in Zentren von Galaxien. Je nach Blickwinkel scheinen sie andere Eigenschaften zu haben.

Genauso wie bei stellaren Schwarzen Löchern in Röntgendoppelsternen bildet sich in einem AGN eine Akkretionsscheibe. Und genauso wie Röntgendoppelsterne können AGN Jets haben.

Wichtig ist dabei, sich hier die Größenverhältnisse klarzumachen: Die supermassereichen Schwarzen Löcher haben einen Durchmesser von Lichtminuten bis Lichtstunden, während Galaxien einen Durchmesser von bis zu Hunderttausenden Lichtjahren haben können. Auch Jets können sehr lang sein, mit einer Länge, die größer ist als der Durchmesser ihrer Galaxie. Die Masse der Schwarzen Löcher in den Zentren der Galaxien ist zwar mit Hunderttausenden bis Milliarden Sonnenmassen gewaltig, beträgt aber immer noch einen verschwindend kleinen Bruchteil – viel weniger als ein Prozent – der Gesamtmasse der Galaxie.

Über die Jahre haben die Astrophysiker*innen einen ganzen Zoo an AGN gefunden: Es gibt *Quasare*, die punktförmig und sehr hell sind – und unter ihnen die besonders hellen *Blasare*, die viel heller leuchten als ihre Heimatgalaxie. Von manchen Aktiven Galaktischen Kernen beobachten wir Röntgenstrahlung, von anderen nicht. In den Spektren mancher sehen wir den Hinweis auf viel Staub und anderes Material, das die Strahlung des zentralen Schwarzen Lochs absorbiert. In den Spektren anderer AGN wiederum gibt es Hinweise darauf, dass dort in der Nähe des Schwarzen Lochs viel Material existiert, das sich schnell bewegt.

Die Astronomie ist eine beobachtende Wissenschaft. Manchmal testen wir mit unseren Beobachtungen Theorien. Aber oft beobachten, beschreiben und klassifizieren wir zuerst, was wir sehen. Wir geben Dingen, die ähnlich aussehen, Namen. Hinterher versuchen wir, Ordnung in das Chaos zu bringen.

Beim Zoo der Aktiven Galaktischen Kerne ist die Ordnung überraschend einfach: Was wir sehen, ist immer das gleiche. Es ist ein Schwarzes Loch in der Mitte einer Galaxie, das Materie aus seiner Umgebung akkretiert. Die verschiedenen Eigenschaften ergeben sich aus unserem Blickwinkel und daraus, ob ein akkretierendes Schwarzes Loch einen Jet ausbildet oder nicht.

Sehen wir direkt durch den Jet in das Schwarze Loch rein, so ist die intensive Strahlung des Jets direkt auf uns gerichtet – wir sehen einen Blasar. Blicken wir auf das Schwarze Loch von der Seite, sehen wir es von viel Staub und Gas umgeben, dem Torus. Dazwischen gibt es Bereiche, in denen das Gas aufgeheizt wird oder Klumpen bildet. Je nachdem, wie wir drauf schauen, sehen wir andere Eigenschaften.

Das Zentrum der Milchstraße

Das uns nächste supermassereiche Schwarze Loch ist dasjenige im Zentrum unserer Milchstraße. Es ist im Sternbild des Schützen (lateinisch: sagittarius) zu finden und heißt Sgr A*. Für die Vermessung von Sgr A* wurde im Jahr 2020 der Nobelpreis für Physik zu je einem Viertel an die amerikanische Astrophysikerin Andrea Ghez und den deutschen Astrophysiker Reinhard Genzel für „die Entdeckung des supermassereichen kompakten Objekts im Zentrum unserer Milchstraße" verliehen. Sie haben durch Beobachtungen nachweisen können, dass sich im Zentrum unserer Milchstraße ein unsichtbares, sehr kleines und extrem massereiches Objekt von 4,15 Millionen Sonnenmassen befindet.

Das Zentrum unserer Milchstraße ist besonders schwierig zu beobachten. Zum einen befindet sich in dieser Richtung sehr viel kosmischer Staub. Dieser Staub absorbiert sichtbares Licht. Beobachten wir das galaktische Zentrum also in sichtbaren Wellenlängen, sehen wir fast nichts. Stattdessen müssen Beobachtungen im nahen Infrarotbereich durchgeführt werden. Der Staub ist für elektromagnetische Strahlung dieser Wellenlängen durchsichtig.

Zum anderen ist das Zentrum der Milchstraße 27.000 Lichtjahre von uns entfernt. Um einzelne Sterne aus so großer Entfernung zu sehen, müssen wir Beobachtungen mit hoher Auflösung machen können. Wir brauchen also eine Art Teleobjektiv für Teleskope, um feine Details in großer Entfernung zu erkennen.

Leider reicht es nicht, einfach nur ein größeres Teleskop zu bauen. Ein großer Teil des Problems ist wieder die Erdatmosphäre. Die Luft ist nämlich turbulent – bei flirrender Hitze können wir solche Turbulenzen mit dem bloßen Auge sehen. Für empfindliche Teleskope sind aber selbst die geringen Turbulenzen in der trockenen, dünnen Luft über dem Gipfel des Mauna Kea in Hawaii oder in der Atacamawüste in Chile sehr störend.

Eine Methode, mit solchen Turbulenzen fertig zu werden, ist die *adaptive Optik*. Dabei wird neben dem eigentlich wissenschaftlich interessanten Objekt ein Referenzstern beobachtet, dessen Eigen-

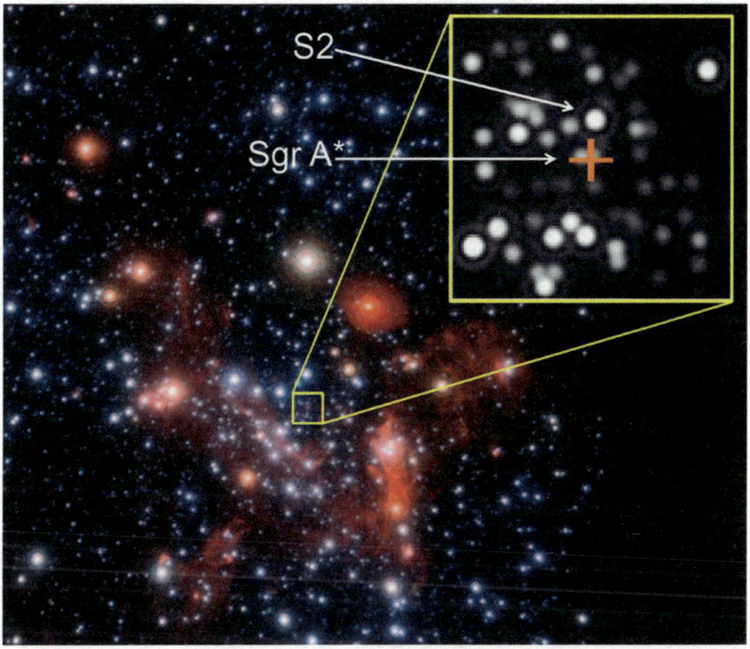

Auf diesem Foto sieht man S2, einen der Schlüsselsterne beim Verständnis des Schwarzen Lochs im Zentrum unserer Milchstraße: Aus seiner Bahnbewegung kann man viel über Sgr A* ableiten.

schaften genau bekannt und unveränderlich sind. Anschließend kann aus der beobachteten Unschärfe des Referenzsterns die Turbulenz der Atmosphäre errechnet werden. Die Oberfläche eines speziellen Korrekturspiegels wird mithilfe kleiner Aktuatoren dann so angepasst, dass dieses Flickern der Luft ausgeglichen wird. Natürlich muss das alles extrem schnell passieren, denn die Atmosphäre verändert sich von einem Augenblick auf den anderen. Als Referenzstern muss kein echter Stern verwendet werden. Durch einen Laserstrahl kann ein leuchtender Punkt in der oberen Erdatmosphäre erzeugt werden, oberhalb der turbulenten Luftschichten. Dieser künstliche Stern wird oft als Referenz verwendet.

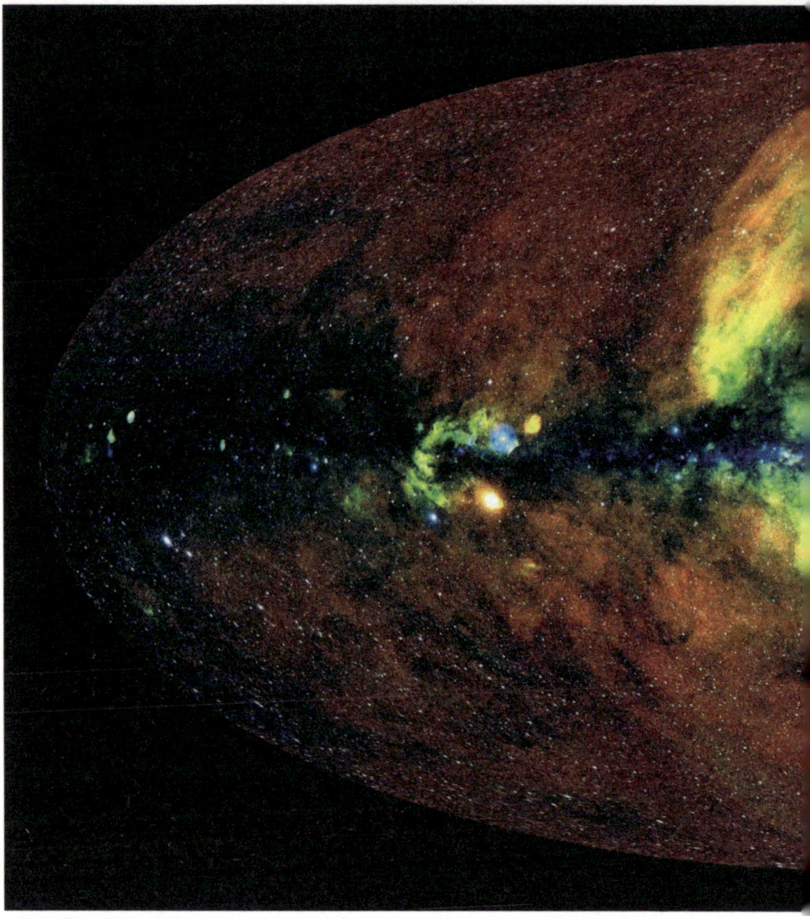

Diese SRG/eROSITA-Himmelskarte zeigt die himmlische Röntgenstrahlung als Falschfarbenbild. Riesige Blasen steigen vom Zentrum der Milchstraße auf und stehen etwa senkrecht zu ihrer Scheibe.

Sowohl die Gruppe um Ghez als auch die Gruppe um Genzel haben Beobachtungen im Infrarotbereich gemacht und dabei die Bahnen von Sternen um Sgr A* unter Verwendung adaptiver Optik sehr genau vermessen können. Sie haben dafür jeweils die Teleskope des Keck-Observatoriums auf dem Gipfel des Vulkans Mauna Kea auf Hawaii oder des VLT (Very Large Telescope) der europäischen Südsternwarte auf dem Berg Cerro Paranal in Chile verwendet. Dabei

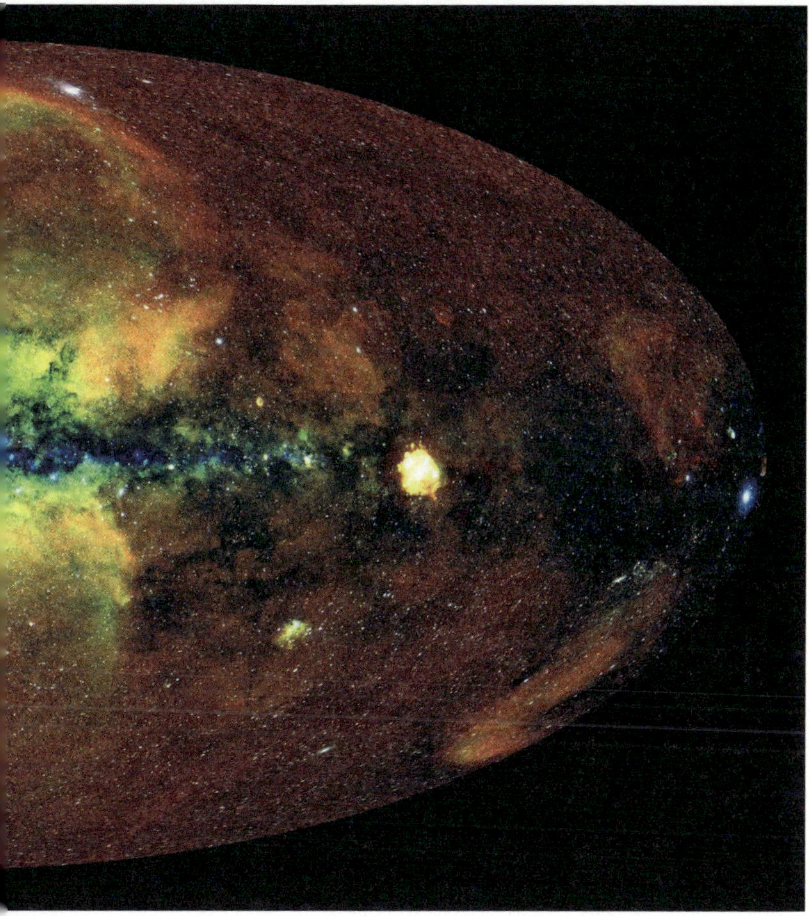

haben sie Sterne beobachten können, die um einen scheinbar leeren Fleck kreisen. Der nächste Stern in der Nähe von Sgr A*, genannt S2, umkreist das Schwarze Loch einmal in 16 Jahren. Zum Vergleich: Ein Umlauf des Jupiters um die Sonne dauert 12 Jahre, bei Saturn sind es gut 29,5 Jahre. S2 bewegt sich dabei auf einer stark elliptischen Umlaufbahn – am fernsten Punkt ist er 970-mal so weit entfernt von dem schwarzen Loch wie die Erde von der Sonne, am nächsten Bahnpunkt nur 120-mal. Wiederum zum Vergleich: Der Jupiter ist 5,2-mal so weit entfernt von der Sonne wie die Erde, der Saturn 9,6 mal so weit. S2 rast also mit einer sehr hohen Geschwindigkeit um Sgr A*.

Ghez und Genzel haben S2 und andere Sterne um Sgr A* über Jahre und Jahrzehnte immer wieder beobachtet und ihre genaue Umlaufbahn bestimmt. Aus den so vermessenen Umlaufbahnen und dem Abstand dieser Sterne (und insgesamt des galaktischen Zentrums) zur Erde lässt sich die Masse des unsichtbaren Objekts berechnen, um das die Sterne kreisen müssen. Mit der Vermessung vieler Sterne kann diese Messung immer wieder und unabhängig von den bisherigen Ergebnissen durchgeführt werden, um sicherzustellen, dass sich nicht irgendwelche Fehler eingeschlichen haben.

Sgr A* ist kein besonders aktives Schwarzes Loch. Weil es so nah ist, können wir zwar ein leichtes Flickern in verschiedenen Wellenlängen – unter anderem Röntgen- und Infrarotstrahlung – beobachten. Wäre es jedoch weiter entfernt, würden wir mit unseren heutigen Teleskopen keine Aktivität sehen können. Wir vermuten aber, dass es in der Vergangenheit aktiver war: Mit verschiedenen Teleskopen – unter anderen dem Gamma-Teleskop Fermi und dem Röntgeninstrument eROSITA – wurden gewaltige Blasen entdeckt, die sich vom Zentrum der Milchstraße aus ober- und unterhalb der Milchstraße ausdehnen. Astrophysiker*innen vermuten heute, dass diese Blasen Überreste früherer Aktivität von Sgr A* sind: Früher hat unser Schwarzes Loch mehr Material akkretiert und dadurch mehr Strahlung und starke Jets produziert. Diese Jets haben dann eine Art Blase in das Material, das unsere Galaxie umgibt, hineingeblasen. Solche Interaktionen von Jets mit dem intergalaktischen Medium – also dem sehr, sehr dünnen Gas zwischen den Galaxien – wurden auch um andere Galaxien beobachtet.

Zerrissene Sterne – Tidal Disruption Events

In der Nähe supermassereicher Schwarzer Löcher in Zentren von Galaxien befindet sich eine Vielzahl von Sternen – sowohl einzelne Sterne als auch Sternhaufen. Diese Sterne bewegen sich auf verschie-

Supermassereiche Schwarze Löcher haben keine Katzenohren, spielen mit ihrem Essen aber manchmal wie eine Katze mit einer Maus.

denen Umlaufbahnen. Dabei kann es zu nahen Begegnungen zwischen einzelnen Sternen kommen. Bei einer solchen Begegnung kann ein Stern aus seiner bisherigen stabilen Umlaufbahn geworfen werden.

Was passiert, wenn ein solcher Stern dem supermassereichen Schwarzen Loch zu nahe kommt, wurde bereits in den Siebzigerjahren vorhergesagt: Es kommt zu einem *Tidal Disruption Event* (oder einfach *TDE*, gesprochen „tee-dee-ee", zu Deutsch etwa „Gezeiten-Sternzerriss-Ereignis").

Ein aus seiner bisherigen Umlaufbahn geworfener Stern kann dem supermassereichen Schwarzen Loch so nahekommen, dass er in den Einfluss seiner Gezeitenkräfte gerät. Dabei wird die Seite des Sterns, die dem Schwarzen Loch zugewandt ist, stärker von dem Schwarzen Loch angezogen als die Seite, die dem Schwarzen Loch abgewandt ist. Der Stern wird auseinandergezogen wie ein weicher Ball, an dem zwei Kinder ziehen. Kommt der Stern besonders nah an das Schwarze Loch, so können die Gezeitenkräfte so stark sein, dass der Stern auseinandergerissen wird. Die Überreste des Sterns bilden dann eine Akkretionsscheibe und fallen nach und nach ins Schwarze Loch.

Beobachten können wir TDEs als plötzliches Aufleuchten im Inneren einer Galaxie in verschiedenen Wellenlängen. Das Problem ist: Sie sind nicht vorhersagbar und können daher nur zufällig entdeckt werden, wenn ein entsprechend empfindliches Teleskop gerade die richtige Galaxie zur richtigen Zeit anschaut. Die ersten TDEs wurde in den 90er-Jahren beobachtet. Heute kennen wir etwas mehr als 100 solche Ereignisse und es kommen immer mehr dazu: Erst vor Kurzem wurden 18 neue TDEs durch ein Team um Professorin Erin Kara am Massachusetts Institute of Technology (MIT) gefunden.

Besonders spannend sind solche TDEs, bei denen der Stern nicht ganz auseinandergerissen wird – also *partielle* TDEs. Stattdessen überlebt der Stern die erste Begegnung mit dem Schwarzen Loch, befindet sich aber jetzt auf einer recht engen elliptischen Umlaufbahn um diesen.

Nach einiger Zeit kommt der Stern also zurück in die unmittelbare Nähe des Schwarzen Lochs. Die starken Gezeitenkräfte wirken wieder auf den Stern ein, sind gegebenenfalls so groß, dass wieder Teile des Sterns abgerissen werden. Die Trümmer werden akkretiert und es kommt wieder zu einem Strahlungsausbruch. Der Stern entkommt wieder, kommt dann aber wieder zurück. Ein wenig erinnert es an eine Katze, die mit einer Maus spielt, sie fast entkommen lässt, dann wieder nach ihr fasst, sie wieder fast entkommen lässt …

Das Event-Horizon-Teleskop

Egal ob es um die stellaren Schwarzen Löcher in unserer eigenen Milchstraße geht, um supermassereiche Schwarze Löcher in anderen Galaxien oder im Zentrum unserer eigenen: Schwarze Löcher sind sehr, sehr kleine Punkte am Himmel. Wir können ihre unmittelbare Umgebung mit unseren normalen Teleskopen nicht auflösen. Um

Sgr A* tatsächlich als ein räumlich ausgedehntes Objekt zu sehen, bräuchten wir ein Teleskop so groß wie die Erde. Unmöglich? Wir haben aber tatsächlich bereits eins gebaut!

Natürlich können wir kein Teleskop bauen, das einen Spiegel vom Durchmesser der Erde hätte. Die Europäische Südsternwarte ESO baut in der Atacamawüste in Chile gerade das größte optische Teleskop der Erde: das Extremely Large Telescope (ELT) wird einen Spiegel von 39,2 Metern Durchmesser haben, der aus mehreren Segmenten von jeweils 1,4 Metern bestehen wird. Das größte Radioteleskop der Erde heißt FAST und hat einen Durchmesser von 500 Metern. Es wurde in China in einer Karstmulde gebaut, kann also nicht bewegt werden.

In einem Stück kriegen wir ein Teleskop von der Größe der Erde also nicht hin. Stattdessen benutzen Astrophysiker*innen viele verschiedene Teleskope, die über die ganze Erde verteilt sind und die zusammengeschaltet werden. Damit scheint es ganz so, als hätten sie ein riesengroßes Teleskop, der Großteil seines Spiegels wäre aber abgedeckt und nur an ein paar Stellen gäbe es Löcher, durch die man hindurchschauen kann. Solche Teleskope verschiedener Größe gibt es immer wieder in der Astronomie, zum Beispiel das europäische VLBI-Netzwerk (VLBI steht für „very large baseline array").

Es ist enorm schwierig, die Daten eines solchen Teleskops aufzunehmen und auszuwerten – bisher können wir das nur im Radiobereich machen. Es ist auch schwer, Teleskope weltweit dazu zu kriegen, zusammenzuarbeiten. Immerhin gibt es ganz viele Wissenschaftler, die auch damit Wissenschaft betreiben wollen. Natürlich finde ich, dass Schwarze Löcher von allen möglichen Fragen der Astrophysik am spannendsten sind. Aber wenn Sie meine Kolleg*innen fragen, die an Neutronensternen oder an weit entfernten Galaxien im frühen Universum arbeiten, dann denken sie natürlich, dass *ihr* Thema das interessanteste ist.

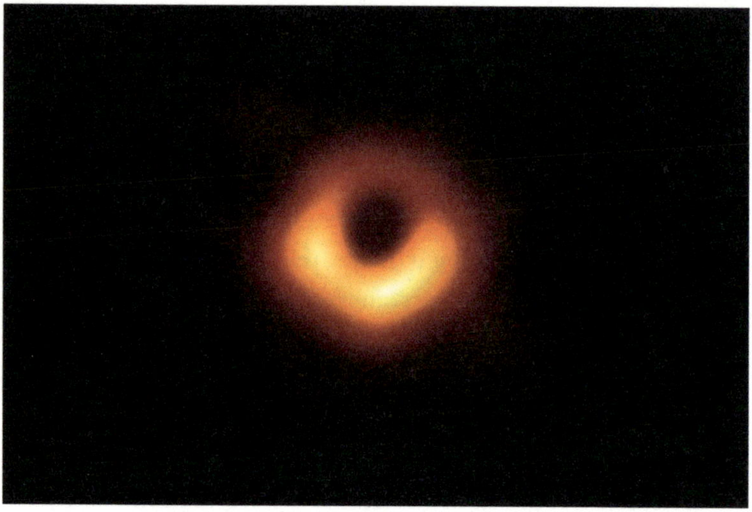

Dieses Bild markiert einen Meilenstein der astronomischen Forschung: Erstmals konnte der Schatten eines Schwarzen Lochs fotografiert werden.

Kolleg*innen vom Event-Horizon-Teleskop, einer internationalen Kollaboration von mehr als 200 Wissenschaftler*innen aus mehr als 20 Ländern, ist es tatsächlich gelungen: Sie haben Teleskope vom Südpol über Spanien bis zur Westküste der USA zusammengeschaltet und das erste Bild eines Schwarzen Lochs erstellt. Das Bild vom Herzen der Galaxie Messier 87 (M87) ging 2019 um die Welt. Seitdem wurden sowohl Bilder von Sgr A* veröffentlicht als auch detailliertere Bilder und Analysen von M87.

Das Bild – das ehrlich gesagt ein bisschen an einen Kaffeefleck erinnert, aber viel mehr Wissenschaft beinhaltet! – ist das Ergebnis einer komplexen mathematischen Interpretation des erhaltenen Signals, einer sogenannten *Entfaltung*. Es zeigt nicht das Schwarze Loch selbst, sondern den „Schatten" seines Ereignishorizonts auf dem heißen Material, das dabei ist, in das Schwarze Loch zu fallen, und das wir als Leuchten auf dem Bild sehen.

Gravitationswellen oder die Musik des Universums

Die Verschmelzung zweier Schwarzer Löcher

Wir haben uns ja bereits überlegt, wie Röntgendoppelsterne entstehen: aus einem Doppelsternsystem, in dem mindestens einer der Sterne ein massereicher Riesenstern ist. Dieser Stern beendet sein Leben als Supernova, in der ein Schwarzes Loch entsteht. Wenn nun aber beide Sterne am Anfang besonders große Riesensterne sind, haben wir am Ende zwei Schwarze Löcher, die einander umkreisen. Durch das Herausschleudern des Materials während der zweiten Supernova kann, wie schon bei der ersten, das Doppelsternsystem auseinandergerissen werden. Manchmal überlebt es aber. Weil das System ein neues Gleichgewicht finden muss, kann es nun passieren, dass die beiden Schwarzen Löcher noch näher zusammenrücken.

Denken wir an die Vorstellung der Raumzeit als aufgespannte Folie zurück und daran, dass Masse die Raumzeit krümmt und die Raumzeit der Masse sagt, wie sie sich bewegen soll. Schwarze Löcher verursachen die maximal mögliche Krümmung der Raumzeit. Setzen wir zwei sehr schwere, kleine Bälle auf unsere Folie, und lassen wir sie einander schnell umkreisen, so entstehen spiralförmige Wellen, die sich entlang der Folie ausbreiten. Es entstehen *Gravitationswellen*. Diese Wellen dehnen und stauchen die Raumzeit selbst.

Die Raumzeit zu verformen kostet enorme Energie – sie wird dem Doppelsystem aus zwei Schwarzen Löchern entzogen und diese rücken dadurch langsam immer näher aneinander. Der Abstand der beiden Schwarzen Löcher, die um den gemeinsamen Schwerpunkt kreisen, verringert sich dabei über Jahrmillionen und -milliarden immer mehr – sie bewegen sich seeeeehr langsam auf Spiralbahnen aufeinander zu. Dadurch werden die Gravitationswellen immer stärker, der Abstand der Schwarzen Löcher nimmt noch mehr ab. Bis die Schwar-

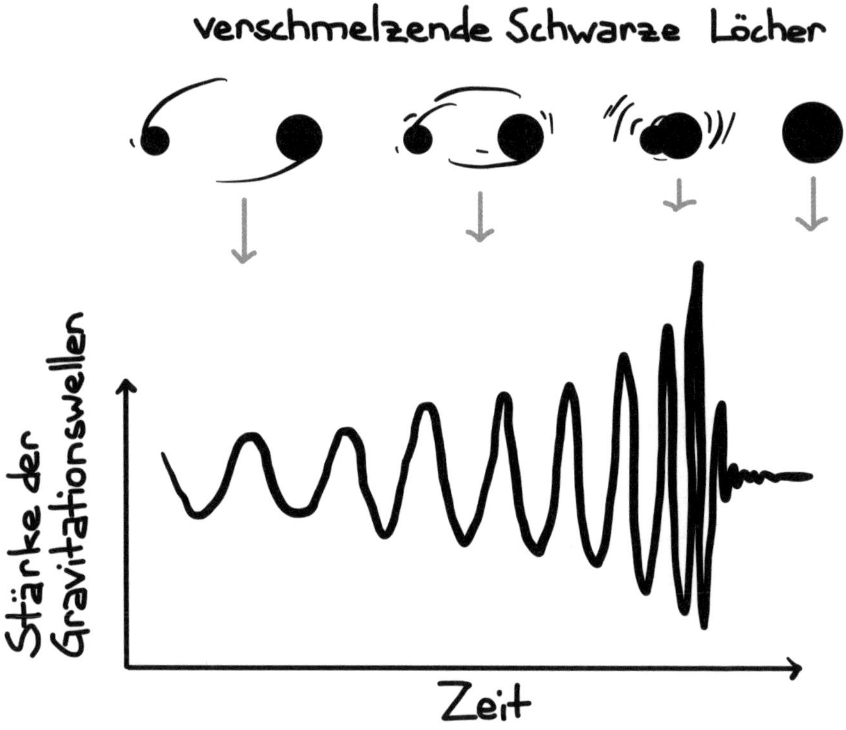

Der wilde Tanz der Schwarzen Löcher bis zu ihrer Verschmelzung kann hörbar gemacht werden. So sieht das Frequenzsignal im Zeitverlauf aus.

zen Löcher verschmelzen. Bei der Verschmelzung gibt es ein Aufflackern, einen Gravitationswellenausbruch, wie das Crescendo in einem Musikstück. Und dann: Ruhe.

Gravitationswellen sind keine Schallwellen – sie können aber „sonifiziert", also in Schallwellen übersetzt werden. Das ist eine besonders einprägsame Darstellung und hat zu dem Ausdruck „Chirp" für die Verschmelzung geführt. Das klingt ein bisschen nach dem Zirpen von Vögeln, ist aber auch ein Ausdruck aus der Signalverarbeitung und bezeichnet ein Signal, dessen Frequenz sich ändert.

Gravitationswellen beobachten

Gravitationswellen wurden von Einstein bereits 1915 vorhergesagt. Sie ergeben sich aus der Allgemeinen Relativitätstheorie. Nachgewiesen wurden sie das erste Mal fast 60 Jahre später, im Jahre 1974, mit dem *Hulse-Taylor-Pulsar.* Pulsare sind rotierende Neutronensterne, von denen wir regelmäßige Radiosignale empfangen. Pulsare sind normalerweise extrem genaue Uhren. Ihre Pulse kommen auf den kleinsten Bruchteil der Sekunde genau an.

Auch Neutronensterne verbiegen die Raumzeit extrem – zwar nicht so extrem wie Schwarzen Löcher, aber von allen möglichen Objekten im Universum kommen sie den Schwarzen Löchern am nächsten. Der Hulse-Taylor-Pulsar befindet sich in einem Doppelsternsystem mit einem anderen Neutronenstern. Die gegenseitige Bewegung der beiden Neutronensterne führt zu einer regelmäßigen Änderung bei der Ankunftszeit des Pulsarsignals. Der Pulsar ist manchmal näher an uns dran und manchmal weiter weg von uns – je nachdem, wo genau entlang des Orbits er sich gerade befindet. Wäre die Umlaufbahn der beiden Neutronensterne perfekt stabil, würden die Änderungen immer absolut regelmäßig ausfallen. Joseph Taylor und Russell Hulse haben aber durch Beobachtungen nachgewiesen, dass sich die Umlaufbahn der beiden verändert. Sie wird immer kleiner, genau auf die Art und Weise, die von der Allgemeinen Relativitätstheorie vorhergesagt und die durch die Abstrahlung von Gravitationswellen verursacht wird. Hulse und Taylor war also der erste indirekte Nachweis von Gravitationswellen gelungen!

Bis es einen direkten Nachweis, also tatsächlich eine direkte Messung von Gravitationswellen gab, sollte es allerdings noch mal 40 Jahre dauern. Gravitationswellen in unserer echten, vierdimensionalen Raumzeit ändern den Abstand zweier Gegenstände. Allerdings ist diese Änderung unglaublich winzig – es handelt sich um Änderungen, die einen Bruchteil der Größe eines Protons betragen. Das ist, als würden wir den Abstand zwischen uns und Proxima Centauri – dem sonnennächsten Stern in 4,2 Lichtjahren Entfernung – auf einen Fingerbreit genau (und im zukünftigen Idealfall auf Haaresbreite genau) vermessen. Das geht nur mit einem trickreichen technischen Aufbau und mit der Methode der *Interferometrie*.

Physiker*innen bedienen sich dabei des folgenden Tricks: Treffen sich zwei Wellen, so können sie sich entweder verstärken, wenn Wellenkamm auf Wellenkamm und Wellental auf Wellental trifft, oder auslöschen, wenn Wellenkamm auf Wellental trifft. Dieser Effekt nennt sich *Interferenz* und gilt für Wasserwellen genauso wie für elektromagnetische Wellen.

Ein Interferometer ist L-förmig aufgebaut. Laserlicht wird von dem Knotenpunkt des Ls aus in zwei zueinander senkrechte Richtungen geschickt und an den Enden des Ls zurückgespiegelt. Kommen die beiden Lichtstrahlen wieder zusammen, überlagern sie sich. Wenn sich nun die Länge eines der Arme des Interferometers ändert, ändert sich auch das Interferenzmuster, denn plötzlich sind die Wellenkämme der beiden Laserstrahlen gegeneinander verschoben.

Die beiden Physiker Rainer Weiss (1932–2025) und Kip Thorne (geb. 1940) – die später zusammen mit dem Leiter des LIGO-Projekts, Barry Barish (geb. 1936), den Nobelpreis bekamen –, haben seit 1975 an der Idee gearbeitet, einen solchen Aufbau für die Messung der Gravitationswellen zu entwickeln und die Theorie darüber besser zu verstehen. Die Technologien, die dafür gebraucht wurden, mussten größtenteils erst entwickelt werden: Ein Aufbau zur Messung der Gravitationswellen musste viel genauer sein als alles bisher Dagewesene. Außerdem musste sichergestellt werden, dass keine anderen Effekte die Länge der beiden Arme des Ls ändern würden. Bei der dabei nötigen Empfindlichkeit sind nicht nur seismische Effekte (Mini-Erdbeben und andere Bewegungen der Erdkruste), sondern selbst ein einige Kilometer entfernt vorbeifahrender LKW ein Problem.

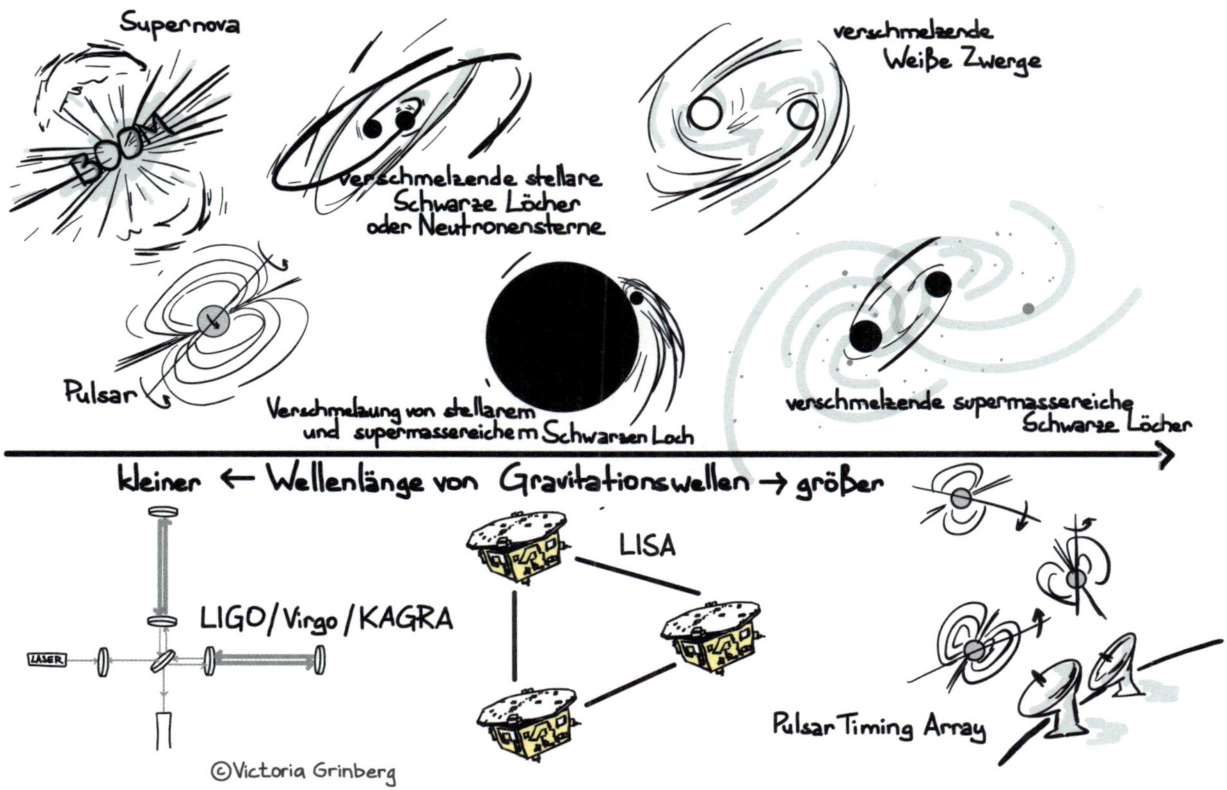

Um Gravitationswellen zu beobachten, die von verschiedenen kosmischen Objekten stammen, brauchen wir verschiedene Gravitationswellenobservatorien, die für die jeweiligen Wellenlängen empfänglich sind.

Die erste direkte Beobachtung von Gravitationswellen wurde 2015 veröffentlicht. Das entsprechende Gravitationswellenereignis, GW 150914, passierte am 15. September 2014. Ein halbes Jahr wurde also daran gearbeitet, wirklich sicherzustellen, dass die Beobachtung und ihre Interpretation korrekt waren, bevor das Ergebnis öffentlich verkündet wurde.

Ich kann mir kaum vorstellen, wie toll sich das anfühlen muss: 40 Jahre lang an etwas zu arbeiten und dann endlich das vorhergesagte Ergebnis zu sehen! Experimentelle (Astro-)Physik erfordert oft wirklich sehr viel Geduld und Durchhaltevermögen.

Gravitationswellenobservatorien

Genauso wie es bei elektromagnetischer Strahlung verschiedene Wellenlängen gibt oder wie in einem Orchester verschiedene Instrumente Klänge verschiedener Tonhöhe erzeugen, gibt es auch verschiedene Gravitationswellen. Kurz vor ihrer Verschmelzung erzeugen stellare Schwarze Löcher Gravitationswellen, die eine viel kürzere Wellenlänge haben als die von supermassereichen Schwarzen Löchern. In der Tonlage dazwischen liegen Weiße Zwerge in Doppelsternsystemen oder die Verschmelzung eines stellaren Schwarzen Lochs mit einem massereichen. Hin und wieder ertönt ein kurzer, sehr hoher Ton einer Supernovaexplosion und rotierende Neutronensterne machen beständig recht hohe Töne im Hintergrund. Gleichzeitig gibt es ein durchgängiges, tiefes Hintergrundrauschen, das noch aus dem frühen Universum stammt. Wir hören also immer einem komplexen Musikstück zu, wenn wir Gravitationswellen vermessen.

Und ähnlich, wie wir nicht mit dem gleichen Teleskop Radiowellen, sichtbares Licht und Röntgenstrahlen beobachten können, braucht es auch für die Beobachtung von Gravitationswellen verschiedene Teleskope. Die höchsten Töne oder die kürzesten Wellenlängen können wir hier auf der Erde vermessen. Für tiefere Töne und die Beob-

In Hanford befindet sich einer der Detektoren von LIGO. Bei vier Kilometern Armlänge braucht es eine riesige Freifläche.

achtung verschmelzender supermassereicher Schwarzer Löcher müssen wir in den Weltraum gehen und entweder Satelliten bauen oder uns natürlicher Signale von Pulsaren bedienen.

Es gibt heute drei große erdgebundene Gravitationswellenobservatorien, die zusammenarbeiten. Dazu gehören LIGO (Laser Interferometer Gravitational-Wave Observatory), das amerikanische Gravitationswellenobservatorium, das aus zwei Hauptdetektoren mit jeweils vier Kilometern Armlänge in Hanford (im amerikanischen Bundesstaat Washington) und in Livingston (im Bundesstaat Louisiana) besteht; Virgo, ein europäischer Detektor mit drei Kilometern Armlänge, das vom European Gravitational Observatory (Europäischem Gravitationswellen-Observatorium) betrieben wird, an dem sich Italien, Frankreich und seit einigen Jahren auch die Niederlande beteiligen; und das Kamioka Gravitational Wave Detector (KAGRA), ein japanisches Interferometer mit ebenfalls drei Kilometern Armlänge, das seit 2020 in Betrieb ist. Um die 1000 Wissenschaftler*innen aus verschiedenen Ländern arbeiten jeweils am LIGO und Virgo und noch mal 500 am KAGRA.

Diese drei Observatorien arbeiten allerdings, ganz im Geiste der Wissenschaft, nicht gegeneinander, sondern zusammen und bezeichnen sich dann als LIGO-Virgo-KAGRA oder einfach LVK-Kollaboration. Kombiniert man Daten aus allen dreien, ergibt sich ein viel besseres Ergebnis als mit einem einzelnen Detektor! Alle drei erdgebundenen Detektoren sind vor allem für solche Wellenlängen von Gravitationswellen empfindlich, die von stellaren Objekten produziert werden: Hauptsächlich haben sie bis heute verschmelzende Schwarze Löcher nachgewiesen, Neutronensterne waren aber ebenfalls dabei. Auch bei Supernovaexplosionen sollten Gravitationswellen produziert werden, dafür reicht die heutige Nachweisgenauigkeit noch nicht aus.

In Deutschland gibt es das GEO600-Projekt, ein Interferometer mit 600 Metern Armlänge, in der Nähe von Hannover. Es ist eine Technologieschmiede, wo neue Methoden, die dann an größeren Instrumenten eingesetzt werden, entwickelt und getestet werden – unter anderem etwa Technologien, die die erste Detektion von Gravitationswellen ermöglicht haben. Auch GEO600 arbeitet mit den anderen Observatorien weltweit zusammen.

Wenn wir allerdings nach der Verschmelzung größerer Schwarzer Löcher suchen wollen – also denen in der Mitte von Galaxien – reichen die erdgebundenen Geräte nicht aus. Zum einen ist die Länge des Detektors durch seismische Gegebenheiten begrenzt, zum anderen wäre unsere ganze Erde viel zu klein, um ein solches Interferometer zu bauen! Wir müssen also wieder in den Weltraum. Die Laser Interferometer Space Antenna (LISA) ist ein geplantes Weltraumteleskop der Europäischen Weltraumorganisation ESA unter Beteiligung der NASA. Es soll Mitte der 2030er-Jahre starten. LISA wird aus drei Satelliten im Formationsflug bestehen, die über Laserstrahlen miteinander verbunden sind. Die drei Satelliten bilden ein gleichseitiges Dreieck mit 2,5 Millionen Kilometern Seitenlänge. Das ist wirklich riesig! Der Durchmesser der Erde beträgt nur 6371 Kilometer, der

der Sonne 1,4 Millionen Kilometer. Im Jahr 2015 wurde von der ESA bereits erfolgreich LISA Pathfinder gestartet – ein Satellit, mit dessen Hilfe einige der Technologien, die bei LISA Verwendung finden, zum ersten Mal im Weltraum getestet wurden.

Um Gravitationswellen mit noch größeren Wellenlängen zu vermessen, bräuchten wir noch größere Instrumente. Anstatt immer größere Interferometer zu bauen, haben Astrophysiker*innen eine besonders gewiefte Methode entwickelt, die natürliche „Leuchttürme" verwendet. Pulsare, wie der oben erwähnte Hulse-Taylor-Pulsar, sind rotierende Neutronensterne, die höchst regelmäßig Radiopulse aussenden. Gravitationswellen stauchen und dehnen den Raum, auch den zwischen Pulsaren. Wenn das Pulsarsignal auf dem Weg vom Pulsar zu uns hier auf der Erde einer Gravitationswelle begegnet, so kommt es bei uns verspätet oder verfrüht an. Die Veränderungen sind winzig, daher müssen die Pulsarsignale und ihre Ankunftszeiten sehr genau vermessen werden. Das geschieht mit „Pulsar Timing Arrays". Ein Pulsar Timing Array besteht aus einer Gruppe von ausgewählten Pulsaren, die über den gesamten Himmel verteilt sind und sich in verschiedenen Abständen zur Erde befinden. Diese Pulsare werden über Jahre hinweg regelmäßig beobachtet. Derzeit gibt es mehrere solche Pulsar Timing Arrays, unter anderem das European Pulsar Timing Array, das von Teleskopen in Europa beobachtet wird. Eins der dafür verwendeten Teleskope ist das Radioteleskop Effelsberg in der Eifel. Wenn Sie einmal in der Gegend sind, besuchen Sie es unbedingt! Am besten an einem Tag der offenen Tür – doch auch an einem ganz normalen Tag ist der Anblick der Teleskopschüssel mit 100 Metern Durchmesser ein absolutes Erlebnis! Aber zurück zu den Gravitationswellen: Aufgrund bisheriger Entwicklungen und erster vorhandener starker Hinweise wird erwartet, dass es in den nächsten Jahren die erste zuverlässige Detektion von Gravitationswellen mit einem Pulsar Timing Array gibt. Es bleibt also sehr spannend!

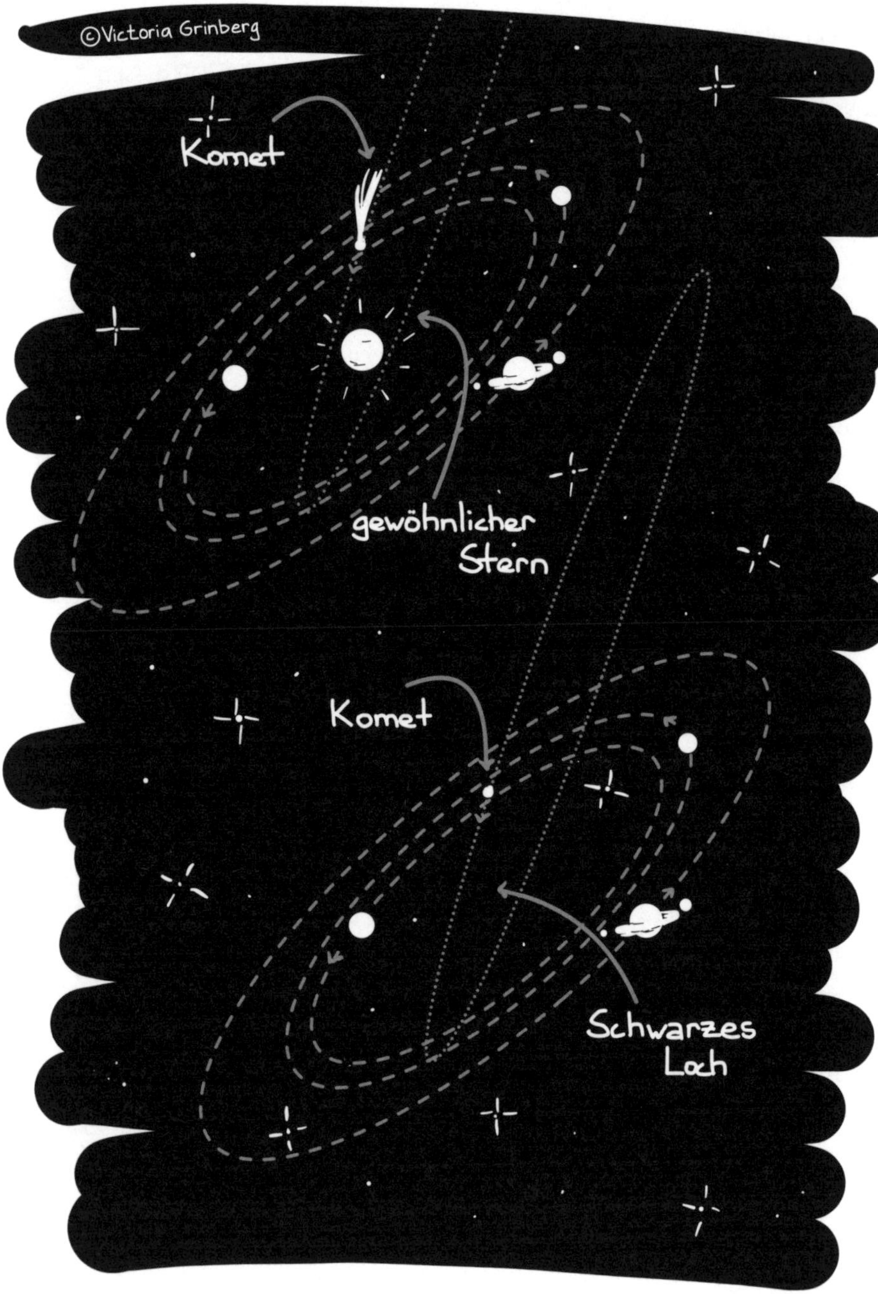
©Victoria Grinberg
Komet
gewöhnlicher Stern
Komet
Schwarzes Loch

Häufig gestellte Fragen über Schwarze Löcher

Ich halte recht oft Vorträge über Schwarze Löcher. Es ist einfach ein Thema, das alle interessiert! Schwarze Löcher sind sozusagen die Katzenbabys der Astrophysik. Manchmal spreche ich vor einer Schulklasse, manchmal vor Ingenieur*innen, die Satelliten für die Erdbeobachtung bauen. Egal wer sie sind, meine Zuhörer und Zuhörerinnen haben immer sehr viele Fragen. Kann ich sehr gut verstehen – ich war als Jugendliche bei öffentlichen Physikvorträgen an der Universität München (die Reihe „Physik Modern" gibt es übrigens auch heute noch – ich bin mir aber sicher, dass auch andere Unis Ähnliches anbieten!) und hätte den Vortragenden danach am liebsten Löcher in den Bauch gefragt. Nur habe ich mich damals nicht getraut – und freue mich umso mehr, wenn andere mir heute Fragen stellen!

Es gibt dabei ein paar Fragen, die immer wieder vorkommen. Einige davon habe ich schon in den vorangegangenen Kapiteln beantwortet. Zum Beispiel, was sich genau in einem Schwarzen Loch befindet (leider recht sicher kein Kuchen) oder ob Sterne von Schwarzen Löchern zerrissen werden können (ja – und wir haben solche Tidal Disruption Events sogar schon beobachtet!). Ein paar andere habe ich mir für dieses letzte Kapitel aufgehoben.

Was würde passieren, wenn die Sonne zu einem Schwarzen Loch werden würde?

Diese Frage scheint viele wirklich mit großer Sorge zu erfüllen. Daher muss ich zur Beruhigung betonen, dass das nicht passieren kann. Unsere Sonne ist ein Zwergstern und hat nicht genug Masse, um am Ende ihres Lebens zu einem Schwarzen Loch zu werden, wie wir bei der Entstehung stellarer Schwarzer Löcher gesehen haben.

Aber stellen wir uns vor, dass wir in einem schlechten Science-Fiction-Film sind. Uns feindlich gesinnte Aliens verwandeln unsere Sonne ohne jegliche Vorwarnung und von einer Sekunde auf die andere in ein Schwarzes Loch mit derselben Masse. Wir haben also plötzlich ein Schwarzes Loch mit einem Radius von gerade mal drei Kilometern dort, wo vorher unsere Sonne war, die einen Radius von 700.000 Kilometern hat. Was ändert sich dann für uns hier auf der Erde?

Rein von der Himmelsmechanik her gesehen: gar nichts. Die ganzen Planeten, Zwergplaneten (wie Pluto), Asteroiden und Kometen unseres Sonnensystems würden auf ihren Bahnen bleiben und weiterhin fröhlich um das Schwarze Loch kreisen, als sei nichts geschehen.

Wie kann das sein? Wir gehen zurück zu unserem Katzenhängematten-… Pardon … Folienmodell der Raumzeit. Zwar macht das kompaktere Objekt eine stärkere Delle in unserer Folie als ein fluffiger Gegenstand, aber in einiger Entfernung vom Loch schaut die Raumzeit genau gleich aus. Wenn die Masse des Objekts gleich bleibt und wir uns außerhalb seines Schwarzschild-Radius befinden, bleibt auch die Anziehungskraft in gleicher Entfernung vom Zentrum gleich, egal wie kompakt das Objekt ist. Wir würden also hier auf der Erde genau die gleiche Anziehungskraft vom Schwarzen Loch spüren wie vorher von der Sonne.

Natürlich ist es allerdings so, dass sich abgesehen von der Umlaufbahn sehr viel ändern würde. Ohne Sonne gibt es kein Sonnenlicht und keine Wärme, ohne Sonnenlicht kann kein Leben auf der Erde existieren.

Aber die tote, tief vereiste Erde würde noch Milliarden von Jahren weiter das Schwarze Loch umkreisen. Genauso wie alle anderen Teile des Sonnensystems. Nur die Kometen würden keinen schönen Schweif mehr ausbilden, denn dieser entsteht, wenn sie von der Sonne erhitzt werden.

Gibt es etwas in unserem Universum, das dichter ist als ein Schwarzes Loch?

Die Antwort darauf ist ein klares „jein". Schwarze Löcher sind die *kompaktesten* Objekte im Universum – also die mit dem kleinsten Durchmesser für ihre jeweilige Masse. Das ist aber nicht gleichbedeutend mit *dichtesten* Objekten.

Dichte misst, wie viel Masse sich innerhalb eines Volumens befindet.

Betrachten wir nur die Singularität in der Mitte des Ereignishorizonts, also den Punkt, in dem die gesamte Masse innerhalb des Schwarzen Lochs konzentriert ist, so ist die Dichte unendlich. Unendlichkeiten bzw. das mathematisch verbotene „Teilen durch eine Null" – das Volumen eines Punktes ist Null – sind in der Physik gerne ein Hinweis darauf, dass unsere Beschreibung der Realität nicht mehr stimmt. Tatsächlich bräuchten wir für die Beschreibung der Umgebung der Singularität eine Theorie der Quantengravitation, die zwei grundlegende Theorien der heutigen Physik zusammenbringt: die Quantenmechanik, die die Welt der kleinsten Teilchen und Längen beschreibt, und die Allgemeine Relativitätstheorie, die die Welt

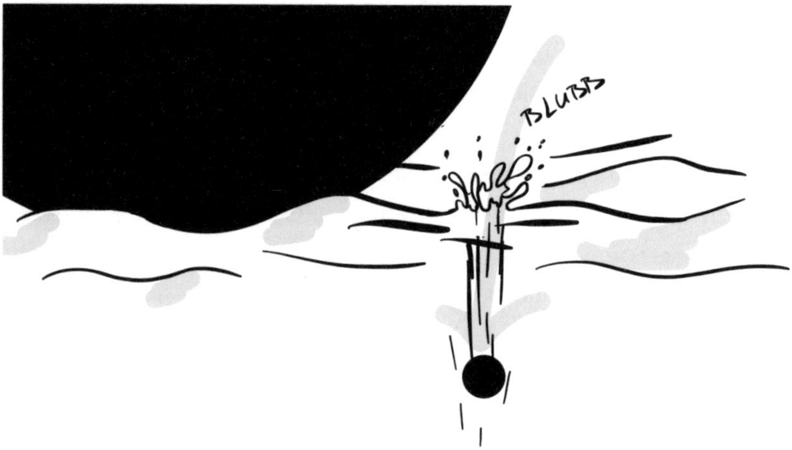

Kleine Schwarze Löcher haben eine sehr hohe Dichte, aber die größten supermassereichen Schwarzen Löcher haben eine geringere Dichte als Wasser.

der großen Massen, Geschwindigkeiten und Energien beschreibt, wie schon in vorherigen Kapiteln diskutiert.

Betrachten wir dagegen die ganze, durch den Ereignishorizont vom Rest des Universums abgetrennte Kugel als das Volumen des Schwarzen Lochs, schaut die Sache besser aus: Wir teilen nicht durch Null und brauchen keine Quantengravitation.

Erinnern wir uns an die Formel für den Schwarzschild-Radius, also den Radius des Ereignishorizonts bei einem nicht-rotierenden Schwarzen Loch. Die Masse und der Schwarzschild-Radius eines Schwarzen Lochs sind direkt proportional zueinander. Das Volumen eine Kugel ist aber proportional zu ihrem Radius hoch drei. Der Schwarzschild-Radius eines Schwarzen Lochs mit zweifacher Sonnenmasse ist also zweimal größer als der eines Schwarzen Lochs mit der Masse der Sonne, aber sein Volumen ist achtmal größer. Schauen wir ein Schwarzes Loch von zehn Sonnenmassen an, so ist das Volumen tausendmal größer. Ein Schwarzes Loch von einer Million

(1.000.000) Sonnenmassen hat ein Volumen, das eine Trillion (1.000.000.000.000.000.000) mal größer ist. Dichte ist nun aber Masse geteilt durch Volumen. Das heißt, die Dichte eines Schwarzen Lochs wird mit wachsender Masse sehr schnell kleiner.

Ein Schwarzes Loch von der Masse der Erde hätte die Größe einer kleinen Glasmurmel und wäre viel dichter als alles, was wir von der Erde kennen. Die größten der bekannten supermassereichen Schwarzen Löcher in Zentren von Galaxien dagegen haben eine Dichte von weniger als einer Tonne pro Kubikmeter, sie sind somit weniger dicht als Wasser. Also sind manche Schwarze Löcher sehr *dicht* – andere aber nicht.

Im Gegensatz zu meinem Cartoon würden massereiche Schwarze Löcher allerdings nicht auf Wasser treiben. Denn der Ereignishorizont ist ja keine feste Oberfläche, sondern eine gedachte Trennlinie zwischen dem Bereich, aus dem man dem Schwarzen Loch noch gerade so entkommen kann und dem Bereich, in dem man unwiederbringlich im Schwarze Loch verschwunden ist und nicht mal mehr die Möglichkeit hat, nach außen zu kommunizieren.

Wo ist das nächste Schwarze Loch?

Das der Erde nächste *stellare* Schwarze Loch, das wir heute, im Sommer 2025, kennen, befindet sich in einem Doppelsternsystem, das Gaia BH1 heißt. Astronom*innen geben Himmelsobjekten gerne Namen, die zwar vielleicht nicht besonders schön klingen, dafür aber etwas über ihre Entdeckungsgeschichte oder ihre Position am Himmel sagen. Gaia BH1 bedeutet, dass dieses System von dem Satelliten Gaia der Europäischen Weltraumorganisation ESA gefunden wurde und das erste Schwarze Loch (vom Englischen *black hole* als „BH" abgekürzt) beinhaltet, das Gaia gefunden hat.

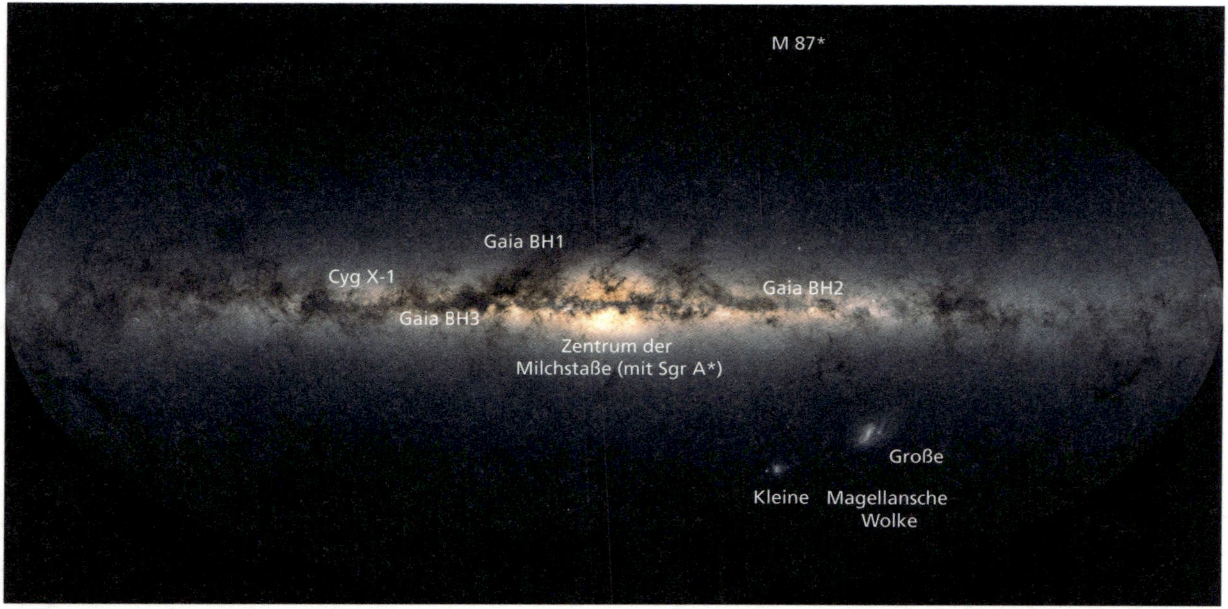

Der gesamte Himmel, aufgenommen vom Gaia-Satelliten. Eingezeichnet sind alle im Buch besprochenen Himmelsobjekte.

Bisher hat Gaia drei Schwarze Löcher gefunden – alle in Doppelsternsystemen, bei denen das Schwarze Loch und der Begleitstern zu weit voneinander entfernt sind, um einen Röntgendoppelstern zu bilden. Ohne die genaue Astrometrie von Gaia hätten wir diese Objekte nie gefunden! In den nächsten Jahren, wenn sich die Datenanalyse noch weiter verbessert, erwarten wir weitere solche Entdeckungen.

Gaia BH1 ist 1560 Lichtjahre von uns entfernt – zum Vergleich: Proxima Centauri, der nächste Stern, ist etwas mehr als vier Lichtjahre entfernt. Gaia BH1 ist also sehr weit weg von uns. Es besteht aus einem sonnenähnlichen Stern und einem Schwarzen Loch von ungefähr zehn Sonnenmassen, die einander auf einer recht elliptischen Umlaufbahn mit einer Periode von 186 Tagen umkreisen.

Höchstwahrscheinlich gibt es stellare Schwarze Löcher, die unserem Sonnensystem um einiges näher sind – wenn sie sich aber nicht in einem Doppelsternsystem befinden, ist es praktisch unmöglich, sie zu finden. Es kann also durchaus sein, dass wir niemals genau wissen werden, welches unser nächstes stellares Schwarzes Loch ist.

Das der Erde nächste *supermassereiche* Schwarze Loch ist Sagittarius A* in der Mitte unserer Galaxie, der Milchstraße. Es ist circa 27.000 Lichtjahre von uns entfernt.

Gibt es eine obere oder untere Grenze für die Masse eines Schwarzen Lochs?

Eine theoretische obere Grenze für die Masse eines Schwarzen Lochs, die sich aus der Relativitätstheorie ergibt, gibt es nicht. Egal wie groß das Schwarze Loch wird: Die Formeln der Allgemeinen Relativitätstheorie, die es beschreiben, funktionieren weiterhin genauso gut.

Eine praktische obere Grenze gibt es vermutlich schon. Zum einen ist unser Universum ziemlich leer. Hin und wieder mal ein Galaxienhaufen, mit sehr viel Platz dazwischen. Und auch die Galaxienhaufen bestehen hauptsächlich aus viel (fast) leerem Raum zwischen den Galaxien, in dem nur recht dünnes Gas rumschwirrt. Damit ein Schwarzes Loch größer und größer wird, muss aber Material hineinfallen. Wenn nicht genug Material da ist, kann es nicht wachsen.

Außerdem gibt es, wenn man die physikalischen Prozesse bei der Akkretion betrachtet, eine obere Grenze dafür, wie viel Material auf einmal ins Schwarze Loch hineinfallen kann, wenn man beachtet, wie das Material in der Akkretionsscheibe sich aufheizt, rotiert, woraus es besteht und so weiter. Daraus können wir die maximale Masse berechnen, auf die ein Schwarzes Loch überhaupt anwachsen könnte, wenn es vom Anfang des Universums vor mehr als 13 Milliarden Jahren bis heute immer die maximal mögliche Menge an Material akkretieren würde. Das ergibt eine stolze Masse von ungefähr 300 Milliarden Sonnenmassen.

Auch bei der unteren Grenze entstehen keine Probleme mit der Relativitätstheorie. Wenn Schwarze Löcher sehr klein werden, fangen allerdings Quanteneffekte an, eine Rolle zu spielen. Und hier stoßen wir mal wieder an die Grenzen der modernen Physik: Wo sich Effekte der Relativitätstheorie und der Quantenmechanik überlappen, brauchen wir, wie bereits erwähnt, eine Theorie der Quantengravitation. Vorschläge für diese – wie die Stringtheorie – gibt es einige, aber keiner davon hat sich bisher eindeutig als richtig herausgestellt. Es gibt in diesem Bereich also noch einiges zu erforschen!

Die kleinsten stellaren Schwarzen Löcher, die am Ende des Lebens massereicher Sterne entstehen, haben etwa drei Sonnenmassen. Ist der zusammenfallende Kern des Sterns kleiner, bildet er einen Neutronenstern. Nur wenn die obere Massegrenze für Neutronensterne von ungefähr drei Sonnenmassen überschritten wird, kommt es zur

Entstehung eines Schwarzen Lochs. Die Bestimmung der Massen vieler stellarer Schwarzen Löcher ist mit starken Unsicherheiten und Messfehlern behaftet, aber wir kennen heute einige Schwarze Löcher, die kleiner als zehn Sonnenmassen sind.

Welcher Anteil der Gesamtmasse des Universums besteht aus Schwarzen Löchern?

Genau wissen wir das nicht. Aber wir können uns die Größenordnung klar machen, also eine Abschätzung vornehmen.

Vergleichen wir zum Beispiel die Masse des Schwarzen Lochs im Zentrum unserer Milchstraße mit der gesamten Masse der Milchstraße: Das Schwarze Loch hat 4,15 Millionen Sonnenmassen. Das ist viel, verglichen mit den meisten Dingen, die wir aus dem Alltag kennen. Aber sehr wenig im Vergleich zu der Masse der gesamten Milchstraße, die *eine Million* Millionen Sonnenmassen beträgt. Selbst wenn wir die Masse aller stellaren Schwarzen Löcher, die seit Beginn des Universums in unserer Galaxie entstanden sind, dazuzählen, ist der Anteil der Schwarzen Löcher an der Gesamtmasse verschwindend gering.

Wie schaut es mit anderen Galaxien aus? Dazu muss man wissen, dass es einen linearen Zusammenhang zwischen der Masse des zentralen Schwarzen Lochs und der Galaxie gibt. Das ist etwas, was Astronom*innen immer wieder beobachtet haben: je massereicher die Galaxie, desto größer das zentrale Schwarze Loch. Eine doppelt so schwere Galaxie hat ein ungefähr doppelt so großes Schwarzes Loch in ihrer Mitte.

Die Abschätzung, die wir für unsere Milchstraße gemacht haben, funktioniert also auch für andere Galaxien! Der Anteil der Schwarzen Löcher an ihrer Gesamtmasse ist verschwindend gering.

Fairerweise muss man sagen, dass wir dabei nicht die primordialen Schwarzen Löcher beachtet haben. Es gibt Ideen, nach denen ein Teil der Dunklen Materie aus Schwarzen Löchern besteht. Sollte sich das bewahrheiten, wäre der Anteil der Schwarzen Löcher an der Gesamtmasse von Galaxien höher. Allerdings können Astrophysiker*innen durch Beobachtung – oder eher durch die Tatsache, dass manche Dinge nicht beobachtet wurden – mittlerweile recht sicher sagen, dass dies eher unwahrscheinlich ist.

Wie viele Schwarze Löcher kennen wir?

Wir kennen heute sehr viele Schwarze Löcher – so viele, dass sie alle aufzulisten den Umfang dieses Buchs bei Weitem sprengen würde.

Zum Beispiel hat das deutsche eROSITA-Konsortium am Anfang des Jahres 2024 den ersten Katalog der Quellen veröffentlicht, die im deutschen Anteil der ersten Himmelsdurchmusterung durch das Röntgenteleskop eROSITA an Bord des Satelliten Spektrum-RG (SRG) gefunden wurden. Darunter sind 710.000 supermassereiche Schwarze Löcher in Aktiven Galaktischen Kernen.

Und das sind nur die Schwarzen Löcher, die gerade aktiv sind! Viele Schwarze Löcher in galaktischen Kernen bleiben unentdeckt, entweder weil sie gerade keine Materie akkretieren und keine Röntgenstrahlung aussenden oder schlicht, weil sie zu weit entfernt sind, sodass selbst das empfindliche eROSITA-Instrument sie bei einer Himmelsdurchmusterung nicht entdeckt.

Wir kennen weniger stellare als supermassereiche Schwarze Löcher: Es gibt über 50 bestätigte oder recht sichere Schwarze Löcher in Röntgendoppelsternsystemen, bisher drei von Gaia gefundene Schwarze Löcher in weiten Doppelsternsystemen und ein paar hundert (diese Zahl wächst fast täglich mit neuen Beobachtungen) Gravitationswellenbeobachtungen von der Verschmelzungen zweier stellarer Schwarzer Löcher.

Können wir jemals die Technologie entwickeln, um in Schwarze Löcher und wieder sicher heraus zu reisen?

Das ist tatsächlich keine Frage der Technologie, sondern der Naturgesetze – und diese lassen sich nun mal nicht ändern. Daher lautet die Antwort ganz klar: nein.

Verstehen wir diese Naturgesetze aber wirklich ganz?

Wir wissen, dass weder die Allgemeine Relativitätstheorie noch die Quantenmechanik die Welt vollständig beschreiben. Wir brauchen also eine Theorie der Quantengravitation, haben eine solche aber noch nicht. Könnte es sein, dass eine solche Theorie unser ganzes Verständnis der Raumzeit und auch der Schwarzen Löcher auf den Kopf stellt? Auszuschließen ist es nicht, denn immerhin kennen wir diese Theorie noch nicht. Auch wenn es viele Physiker*innen gibt, die an verschiedenen Ansätzen arbeiten. Die Stringtheorie ist eine der bekanntesten Möglichkeiten darunter, doch bei Weitem nicht die einzige.

Aber viel wahrscheinlicher als ein Umsturz unserer bisherigen Vorstellungen ist, dass das Gleiche passiert, was auch passiert ist, als die Relativitätstheorie die Newtonschen Gesetze abgelöst hat: Genauso wie die Relativitätstheorie im Grenzfall kleiner Geschwindigkeiten und nicht zu kompakter Massen der newtonschen Herangehensweise entspricht, sollte auch die neue Theorie der Quantengravitation überall da, wo wir bisher keine Abweichungen von der Allgemeinen Relativitätstheorie oder der Quantenmechanik haben finden können, den beiden entsprechen. Und bisher haben wir solche Abweichungen noch überhaupt nicht direkt beobachten können.

Mir erscheint es also recht unwahrscheinlich, dass wir jemals in ein Schwarzes Loch werden reisen können – und umso weniger wieder herauskommen. Auch wenn ich es selbst wahnsinnig gerne machen würde!

Gab es einen Nobelpreis für Schwarze Löcher?

Den gab es! Und zwar im Jahre 2020 an den Briten Roger Penrose, den Deutschen Reinhard Genzel und die Amerikanerin Andrea Ghez. Über die bahnbrechenden Ergebnisse von Genzel und Ghez und ihren jeweiligen Gruppen haben wir im Kapitel über das Zentrum der Milchstraße gesprochen und die Arbeiten von Penrose erwähnt, als es um Singularitäten ging. Es wurden mit dem gleichen Nobelpreis also sowohl theoretische Arbeiten als auch der Beobach-

Der Röntgensatellit Uhuru war nicht nur der erste seiner Art, sondern trug auch zu nobelpreisgekrönter Forschung bei.

tungsnachweis geehrt, weil Schwarze Löcher so grundlegend für die theoretische Physik sind – gleichzeitig aber auch echte Bestandteile unseres Universums und sogar unserer Galaxie.

Drei weitere Nobelpreise für Physik haben im weitesten Sinne mit Schwarzen Löchern zu tun, und zwar die aus den Jahren 2017, 2002 and 1983.

2017 erhielten die Amerikaner Rainer Weiss, Kip Thorne und Barry Barish den Nobelpreis für ihre entscheidenden Beiträge zum LIGO-Gravitationswellen-Detektor und zur Beobachtung von Gravitationswellen. Die ersten – und bis heute die meisten – Gravitationswellen, die beobachtet wurden, stammen von verschmelzenden Schwarzen Löchern. Kip Thorne und Barry Barish konnte ich leider nicht kennen lernen, aber mit Rainer (oder Rai) Weiss hatte ich während meines Aufenthalts in den USA öfters zu tun, weil wir am gleichen Institut waren. Er war einer der nettesten Professoren, denen ich je begegnet bin. Zum Beispiel war er sich nie zu schade, bei Vorträgen der Promovierenden zuzuhören, freundliche Fragen zu stellen und gute Ideen beizutragen. Ein wunderbarer Mensch! Er wurde übrigens 1932 in Berlin geboren, seine Familie musste Deutschland aber verlassen, weil sein Vater Jude war.

2002 ging der Nobelpreis an den Amerikaner Raymond Davis Jr., den Japaner Masatoshi Koshiba und den Amerikaner und Italiener Riccardo Giacconi für ihre bahnbrechenden Beiträge zur Astrophysik. Davis und Koshiba wurden besonders für die Detektion kosmischer Neutrinos ausgezeichnet, und Giacconi für die Entdeckung kosmischer Röntgenquellen – er war einer der treibenden Kräfte hinter den ersten Röntgenbeobachtungen mit Höhenforschungsraketen und dem ersten Röntgensatelliten Uhuru. Viele dieser ersten Röntgenquellen sind Röntgendoppelsterne mit Neutronensternen oder Schwarzen Löchern, die von gewöhnlichen Begleitsternen akkretieren.

Für seine Arbeiten zum Verständnis der physikalischen Prozesse, die für die Struktur und Entwicklung der Sterne wichtig sind, ging die Hälfte des Nobelpreises des Jahres 1983 an den indisch-amerikanischen Physiker Subrahmanyan Chandrasekhar. Nach Chandrasekhar ist das Chandrasekhar-Limit benannt, die höchste Masse für Weiße Zwerge, – und auch das Chandra-Röntgenteleskop. Seine Arbeiten zur Sternentwicklung sind entscheidend, um den Ursprung stellarer Schwarzer Löcher zu verstehen; er hat später in seinem Leben auch direkt an der Theorie Schwarzer Löcher und an der Verschmelzung Schwarzer Löcher gearbeitet.

Einstein selbst hat den Nobelpreis nicht für die Relativitätstheorie bekommen, sondern insgesamt für seine Dienste an der theoretischen Physik und insbesondere für seine Forschung zum photoelektrischen Effekt. Als photoelektrischer Effekt werden verschiedenen Wechselwirkungen von Licht mit Materie bezeichnet.

Was ist die größte Entdeckung bei Schwarzen Löchern in den letzten 20 Jahren?

Es gibt ganz viele tolle Ergebnisse: der Nachweis von Gravitationswellen von verschmelzenden Schwarzen Löchern. Immer genauere Berechnungen zu Akkretionsscheiben von Schwarzen Löchern. Die genaue Vermessung von Sgr A*. Die Vermessung von Spins Schwarzer Löcher.

Am meisten hat mich persönlich aber die Tatsache beeindruckt, dass die meisten Schwarzen Löcher, die wir verschmelzen sehen, recht schwer sind, schwerer als 20 Sonnenmassen. Solche schweren stellaren

Schwarzen Löcher haben wir vor den LIGO-Detektionen nicht gekannt. Erst seit Gaia BH3 kennen wir ein so schweres stellares Schwarzes Loch, das nicht erst durch seine Verschmelzung nachgewiesen wurde.

Es gibt viele tolle Ergebnisse, die vorhergesagt wurden und genau die Theorien der Wissenschaftler*innen bestätigen. Die Gravitationswellen waren eine Vorhersage der Allgemeinen Relativitätstheorie. Erst 100 Jahre später konnten sie direkt gemessen werden. Was für ein Durchhaltevermögen, auch von den Initiatoren von LIGO!

Ich finde aber die unerwarteten Erkenntnisse am spannendsten. Als jemand, die eher Beobachtungen als Theorie macht, freue ich mich immer, wenn die Welt uns etwas Unerwartetes zeigt. Die schweren stellaren Schwarzen Löcher, die LIGO sah, waren eine totale Überraschung. Viele Wissenschaftler*innen aus den verschiedensten Bereichen der Astrophysik mussten plötzlich ihre Ideen überdenken. Woher kamen diese Riesen, die wir so nicht erwartet hatten? Haben wir etwas bei der Sternentwicklung übersehen? Waren sie vielleicht gar nicht direkt aus einzelnen entstanden?

Wir denken mittlerweile, dass es Wege gibt, wie solche schweren Schwarzen Löcher aus besonders massereichen Sternen entstehen, die außer Wasserstoff und Helium besonders wenig andere Elemente haben. Solche Sterne gibt es heute nicht mehr. Aber im frühen Universum, bevor die ersten Generationen von Supernovae das Universum mit anderen Elementen als Wasserstoff und Helium angereichert haben, gab es sie zuhauf.

Doch bevor das Universum uns spontan eine ganz unerwartete Seite gezeigt hat, wäre niemand auf die Idee gekommen, sich überhaupt Gedanken um das Schicksal solcher Sterne zu machen. Das Universum hat uns also überrascht – und für mich ist das als Astrophysikerin einer der schönsten Momente!

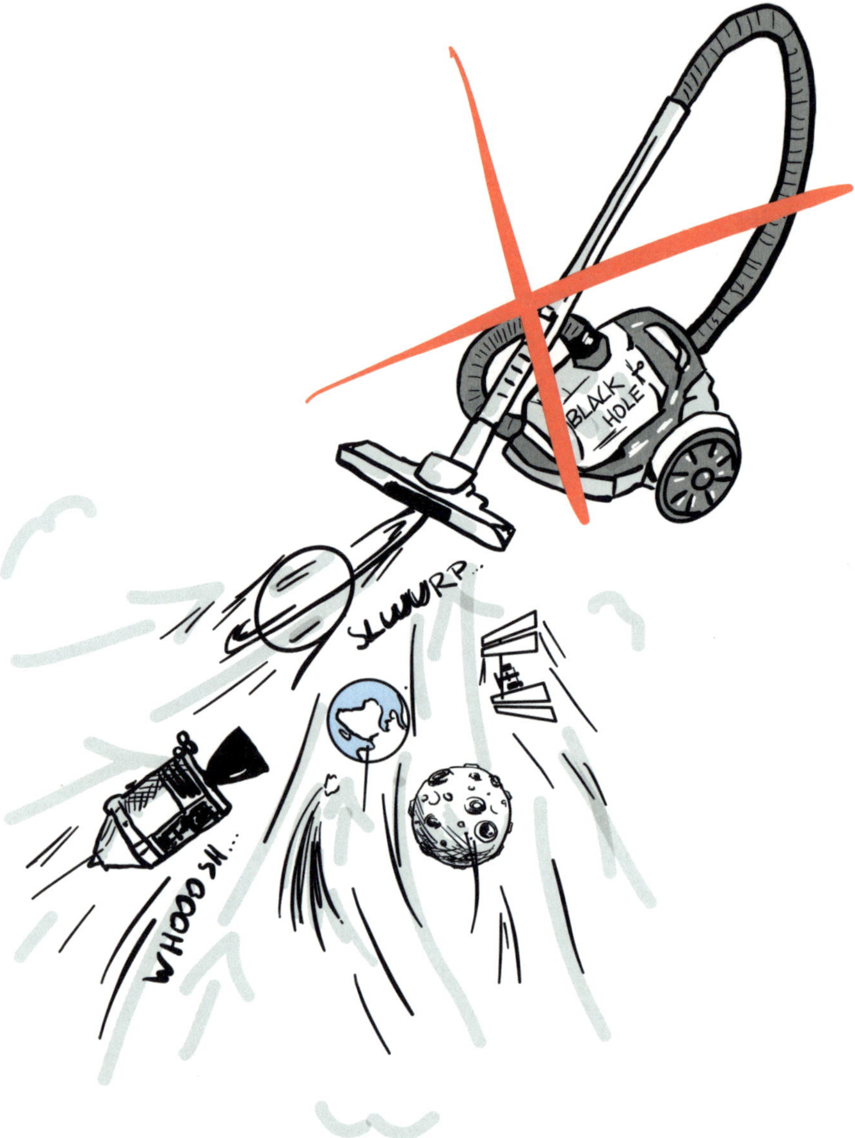

Auch wenn man häufig etwas anderes liest: Schwarze Löcher sind keine monströsen Staubsauger. Man kann sehr gut um ein Schwarzes Loch kreisen, ohne hineinzufallen.

Warum saugen Schwarze Löcher in Zentren von Galaxien nicht die ganzen Galaxien auf?

Erinnern wir uns dran: Schwarze Löcher sind keine Staubsauger!

Auch unsere Sonne ist ein sehr schweres Ding in der Mitte vieler anderer Körper, die es umkreisen. Planeten, Asteroiden, Kometen, selbst menschengemachte Satelliten wie Solar Orbiter oder Parker Solar Probe umrunden die Sonne auf kreis- oder ellipsenförmigen Umlaufbahnen, ohne hineinzufallen. Nur wenn ein Objekt der Sonne viel zu nahe kommt, wird es in sie hineinfallen. Das Gleiche gilt für ein Schwarzes Loch.

Die meisten Sterne und Gaswolken in einer Galaxie kommen niemals nah genug an das Schwarze Loch heran, um in den Einfluss seiner Schwerkraft zu geraten. Wir sind hier auf der Erde also sicher – zumindest vor einem Ende im Bauch des Schwarzen Lochs im Zentrum unserer Milchstraße.

Gibt es Planeten um Schwarze Löcher?

Beobachtet haben wir Planeten um (stellare) Schwarze Löcher bisher nicht. Aber es gibt keinen Grund, warum es sie nicht geben könnte. Zwar ist es wahrscheinlich, dass während der Supernova, die zur Entstehung des Schwarzen Lochs führt, ein eventuell vorher vorhandenes Planetensystem auseinandergerissen wird. Sicher ist es aber nicht. Außerdem könnte ein Schwarzes Loch auch später in seinem Leben einen neuen Planeten kriegen: indem er ihn einfängt oder indem sich neue Planeten aus den Resten des explodierten Sterns und seines ehemaligen Planetensystems bilden.

Es gibt viele sehr exotische Planeten! Die ersten Exoplaneten, also Planeten um andere Sterne als die Sonne, wurden sogar im Orbit um

Pulsare entdeckt. Wegen der regelmäßigen Pulse der Pulsare sind diese Planeten besonders leicht zu finden: Auch wenn sie eine viel kleinere Masse als der Neutronenstern haben, führen sie zu einer regelmäßigen, kleinen Änderung in der Ankunftszeit der Pulse des Pulsars.

Das Problem an Planeten um Schwarze Löcher ist, dass sie sehr schwer zu finden sind. Schwarze Löcher haben keine regelmäßigen Pulse, wir können uns also nicht der gleichen Methode bedienen wie bei Pulsaren. Andere Methoden gehen davon aus, dass es einen hellen Zentralstern gibt oder dass der Planet Licht des Sterns reflektiert. Auf Schwarze Löcher lassen sie sich also nicht anwenden. Zudem befinden sich die stellaren Schwarzen Löcher, die wir kennen, alle in Doppelsternsystemen. In solchen Systemen sind eventuelle Planetenbahnen besonders instabil. Stellare Schwarze Löcher ohne einen Begleitstern kennen wir bisher nicht. Es wird also schwierig, einen Planeten um ein Schwarzes Loch tatsächlich zu finden.

Gibt es Weiße Löcher und Wurmlöcher?

Die Gleichungen der Allgemeinen Relativitätstheorie haben eine Vielzahl verschiedener Lösungen – und nicht alle davon werden in unserem Universum tatsächlich Realität. Allerdings hält das theoretische Physiker*innen nicht davon ab, sich Gedanken um alle möglichen Sonderfälle zu machen. Das ist spannend, es bringt uns aber auch in unserem Verständnis der Welt weiter – immerhin wurden auch die Schwarzen Löcher am Anfang für einen unrealistischen Sonderfall gehalten.

Weiße Löcher sind ein solcher Sonderfall: Sie sind wie Schwarze Löcher, aber die Richtung der Zeit ist umgedreht – wie in einem Film, der rückwärts abläuft, vom Tod des Helden zurück zu seiner Geburt.

Aus einem Weißen Loch könnten Dinge nur herauskommen, nichts könnte hineingelangen. Es gibt allerdings im Universum keinen Vorgang, der zu der Entstehung eines Weißen Loch führen könnte, sie bleiben daher theoretische Gebilde.

Wurmlöcher sind ein anderer Sonderfall. Sie wurden von Einstein selbst und seinem Studenten Nathan Rosen entdeckt, als sie sich die Einsteinschen Feldgleichungen für besonders stark gekrümmte Bereiche der Raumzeit angeschaut haben. Dabei kann es passieren, dass bisher entfernte Orte näher aneinander geraten. Man stelle sich ein Blatt Papier vor, an dessen Enden jeweils ein Stern aufgemalt ist. Die Sterne sind normalerweise weit voneinander entfernt. Man kann aber das Blatt Papier so verbiegen, dass die Sterne nahe beieinander liegen – wenn wir es nun schaffen, die beiden Sterne miteinander zu verbinden, haben wir eine Einstein-Rosen-Brücke oder ein Wurmloch. Natürlich ist es mit der entsprechenden Krümmung einer vierdimensionalen Raumzeit nicht so einfach wie mit einem Blatt Papier – unsere Analogie bricht zusammen. Außerdem kann gezeigt werden, dass Wurmlöcher, wenn sie überhaupt gebildet werden, instabil sind. Insbesondere würden sie zusammenfallen, sobald auch nur ein Körnchen normale Materie versucht, sie zu durchqueren.

Also: Theoretisch gibt es weiße Löcher und Wurmlöcher schon. Praktisch in unserem Universum: vermutlich nicht. Aber das Universum hat uns schon in der Vergangenheit überrascht. Daher bauen wir weiter Teleskope und schauen in den Himmel, auf der Suche nach immer neuen Erkenntnissen.

Outro

Und damit sind wir auch schon am Ende angelangt. Schwarze Löcher, diese verrückten Gebilde der Relativitätstheorie, gibt es also wirklich. Wir – oder zumindest Astrophysiker*innen mit entsprechenden Teleskopen – können sie – oder genauer: ihren Einfluss auf ihre Umgebung – beobachten.

Wir verstehen zwar nicht alles über Schwarze Löcher, aber doch sehr viel. Und an manchen Stellen müssen wir anerkennen, dass wir es vielleicht nie wissen werden. Das Schwarze Loch könnte voller dunkler Schokolade sein und wir werden es, vermutlich, nie erfahren.

Wenn Sie das nächste Mal den Sternenhimmel betrachten, denken Sie daran, dass es nicht nur die sichtbaren Sterne gibt, sondern auch viele unsichtbare Geheimnisse. Und dass wir, kleine Menschen hier auf der Erde, erstaunlich gut darin sind, ihnen trotzdem auf die Spur zu kommen.

Danksagung

Mit besonderem Dank an Dr. Markus Pössel und Prof. Dr. Jörn Wilms. Danke für die hilfreichen Kommentare, die langjährige Begeisterung für meine Cartoons – und dass ich euch den einen oder anderen Witz klauen durfte. Alle verbleibenden Fehler in dem Buch sind ganz alleine meine Schuld!

Register

Bildnachweis

30 Illustrationen wurden von Victoria Grinberg für dieses Buch angefertigt.

Weitere Farbabbildungen stammen von:
S. 33: ESA/Euclid/Euclid Consortium/NASA, image processing by J.-C. Cuillandre, G. Anselmi, T. Li (CC BY-SA 3.0 IGO) • S. 68: NASA/The Hubble Heritage Team (STScI/AURA) • 85: ESO/MPE/S. Gillessen et al. • S. 86/87: Jeremy Sanders, Hermann Brunner und das eSASS-Team (MPE); Eugene Churazov, Marat Gilfanov (im Namen von IKI) • S. 92: EHT Collaboration • S: 99: Caltech/MIT/LIGO Lab • S: 108: ESA/Gaia/DPAC; CC BY-SA 3.0 IGO. Acknowledgement: A. Moitinho.

Impressum

Umschlaggestaltung von Büro Jorge Schmidt, München,
unter Verwendung einer Illustration von Victoria Grinberg
und eines Autorinnenfotos von ESA/G. Porter.

Mit 7 Farbabbildungen sowie 30 Illustrationen.

Unser gesamtes Programm finden Sie unter **kosmos.de**
Über Neuigkeiten informieren Sie regelmäßig unsere Newsletter,
einfach anmelden unter **kosmos.de/newsletter**

FSC www.fsc.org MIX Papier | Fördert gute Waldnutzung FSC® C014889

Gedruckt auf chlorfrei gebleichtem Papier

ISBN: 978-3-440-18079-2
Redaktion: Michael Geymeier
Satz: Text & Bild | Michael Grätzbach, Kernen im Remstal
Produktion: Ralf Paucke
Druck und Bindung: Friedrich Pustet GmbH & Co. KG, Regensburg
Printed in Germany/Imprimé en Allemagne